中国水电移民实践经验

主 编 龚和平

副主编 郭万侦 彭幼平 卞炳乾

中国水利水电出版社
www.waterpub.com.cn
·北京·

内 容 提 要

本书全面回顾了中国水电移民工作历程，梳理了中国水电移民法规政策，分析了中国水电移民管理体制机制，提炼了中国水电移民安置技术控制方式方法，立足国际视野，对标国际移民标准和经验，全面、真实、立体地展示了中国水电移民安置实施成效，多层次、多角度地总结了中国水电移民实践经验。

本书可供从事水电水利工程建设征地移民行业的政府管理、规划设计、监督评估、工程建设管理、高等院校等单位的工作人员阅读，也可作为移民干部及技术工作人员业务培训的参考资料。

图书在版编目（CIP）数据

中国水电移民实践经验 / 龚和平主编. -- 北京：
中国水利水电出版社，2020.7
ISBN 978-7-5170-8677-2

Ⅰ．①中… Ⅱ．①龚… Ⅲ．①水利水电工程－移民安置－研究－中国 Ⅳ．①D632.4

中国版本图书馆CIP数据核字(2020)第120540号

书　　名	**中国水电移民实践经验** ZHONGGUO SHUIDIAN YIMIN SHIJIAN JINGYAN
作　　者	主　编　龚和平 副主编　郭万侦　彭幼平　卞炳乾
出版发行	中国水利水电出版社 （北京市海淀区玉渊潭南路1号D座　100038） 网址：www.waterpub.com.cn E-mail：sales@waterpub.com.cn 电话：(010) 68367658（营销中心）
经　　售	北京科水图书销售中心（零售） 电话：(010) 88383994、63202643、68545874 全国各地新华书店和相关出版物销售网点
排　　版	中国水利水电出版社微机排版中心
印　　刷	天津嘉恒印务有限公司
规　　格	184mm×260mm　16开本　13.75印张　239千字
版　　次	2020年7月第1版　2020年7月第1次印刷
印　　数	0001—2000册
定　　价	**108.00元**

《中国水电移民实践经验》编委会

序

　　改革开放 40 多年来，我国水电资源开发取得了举世瞩目的成就，同时也产生了大规模的移民。为了妥善安置好移民，使移民生活达到或者超过原有水平，真正达到"搬得出、稳得住、能致富"的目标，水电工程移民工作者开展了大量艰苦卓绝、卓有成效的工作，通过多年来的探索和完善，逐步建立了"前期补偿、补助与后期扶持相结合"具有中国特色的移民安置政策和规章体系，为我国水电移民安置规划的实施推进作出了重要贡献。水电水利规划设计总院副院长龚和平团队，通过大量的总结和分析工作，全面回顾了中国水电移民行业发展历程，梳理了中国水电移民法规政策，分析了中国水电移民管理体制机制，提炼了中国水电移民安置技术管理方法，借助典型案例剖析，系统性地归纳、展示了中国水电移民安置的做法。书中包含了大量的中国移民数据资料，具有非常重要的参考价值和借鉴意义。

　　工程移民不仅涉及科学技术，而且涉及经济学、社会学、心理学、管理学等多门学科，是复杂的系统工程。此前我曾以中国科学院院士咨询项目"移民工程学科建设相关问题调研、规划和建议"对这一问题进行了探讨。移民问题无论作为社会学还是自然科学问题，它的研究一定要遵循分析现象、探索本质、寻求解决方法这样一条思路来开展，目前的移民研究工作在问题本源的探索上还需要进一步的深入。此外，我国的水电开发将越来越多地步入国际市场，这就要求我们以国际化的视野讲好中国的移民故事，同时探索和总结在不同国家的体制和文化背景下做好工程移民工作的新思路和新经验。值此，谨祝本书作者在这一领域取得更大的成就。

中国科学院院士

2020 年 6 月

前言

　　水能资源作为一次清洁能源，开发技术成熟、运行灵活、运行费较低，对世界经济的持续发展具有重要的意义，特别是地处亚洲、非洲、南美洲等资源开发程度不高、能源需求增长快的广大发展中国家。

　　水能资源开发利用时，为了蓄洪补枯、蓄水蓄能，一般需要在河流上修筑大坝，抬高坝上游的水位，形成水库，将不可避免地淹没土地，造成移民搬迁（非自愿移民）。相较其他建设项目而言，水电工程建设具有征地移民规模大、淹没集中连片等特点。水库淹没会带来个人或家庭、整个社区（甚至城镇）、基础设施和服务、市场与商业的全面损失，且水电工程多处于经济欠发达地区，社会发展水平较国内多数区域仍相对较低，淹没影响对当地造成的冲击较大，影响程度较深。如何使广大移民得到妥善安置，并让其从项目建设中受益，是一个世界性难题。

　　新中国成立后，特别是改革开放以来，中国水资源开发和水电工程建设迅猛发展，已发展成为世界水电大国和水电强国。据不完全统计，截至2018年年底，中国已拥有水库大坝9.8万余座。但中国与其他国家一样，水电开发实践者面临着两难局面——水电开发一方面可以提供相对低廉、清洁和可持续的电力，但同时也可能产生严重且复杂的环境和社会问题。因此，在潜在的水电开发效益和开发造成的影响之间如何寻求平衡，成为了中国水电开发的一大挑战。

　　一直以来，中国的水电开发者对社会和环境影响问题均高度重视，移民安置工作从来都是中国水电工程建设的重要组成之一。但与其他国家相比，中国的移民政策制定者可能面临的局面更加复杂：一是中国幅员辽阔，域内资源禀赋及发展条件不一，区域发展不平衡长期存在；二是中国是一个多民族、多宗教国家，人文环境不尽相同；三是新中国成立后，特别是1978年以来，中国经济社会飞速发展，移民群众的诉求多样化，当地社会的发展日新月异。如何使移民政策适应当时、当地的经济发展条件和人文社会环境，并在经济社会飞速发展过程中保持移民政策的平稳过渡和前后衔接，成为中国水电移民政策制定者面对的另一个挑战。

在过去的半个世纪里，中国根据经济社会水平的不断变化，采取各种措施来识别和评估水电开发中经常发生的问题，并系统性地加强了水电移民安置规划和实施管理。在不同的发展时期，中国制定了一系列的方针政策，有力地推动了移民安置和水电事业的发展。这种系统性的全行业移民安置做法与其他国家效率低下、通常是临时性的做法形成了鲜明的对比，甚至与中国自身的其他行业相比也存在显著差异。

不同的国家，受政治制度、经济水平、资源禀赋、管理意识、国家文化等影响，其水电移民政策、技术标准、实施方法差异较大，不尽相同，各有千秋。为全面总结中国水电移民的成功做法，将一些好的经验或做法进行归纳、提炼，用国际化的视野加以规范、提升移民工作经验，展示真实、立体、全面的中国水电移民经验，讲好中国故事，贡献中国智慧，加强对外宣传，扩大国际交流，相互学习和借鉴，经沟通协调，2018 年 7 月，水电水利规划设计总院（以下简称水电总院）与世界银行商定，联合有关团队共同开展"中国水电移民经验研究"课题。

水电总院高度重视该项课题研究任务，抽调精兵强将，联合有关单位专家组成中国水电移民经验研究课题组。按照世界银行和水电总院立项要求，课题组超前部署，在开展了实地调研、基础资料收集、有关方面意见征询后，编制提出了《中国水电移民经验研究工作大纲》。该大纲明确了课题的研究任务、研究内容和方法、研究团队成员及工作任务安排等事宜，拟在深入剖析长江三峡、向家坝、金安桥、董箐、公伯峡、五强溪、洪家渡、龙滩、滩坑、水口、江边、泸定、苏洼龙、桐柏抽水蓄能等 14 座水电项目案例基础上开展相关研究工作。为推进课题研究进度，提高成果编写质量，课题组先后于 2018 年 12 月 12—14 日、2019 年 2 月 13—14 日、3 月 25—29 日、4 月 11—12 日共计 4 次大规模地开展了中国水电移民经验研究报告编写集中办公，邀请了课题组主要成员集中编写、讨论、完善研究报告，并进行了若干次小规模的讨论和修改，形成了《中国水电移民经验研究报告（初稿）》。期间，世界银行专家团队多次通过会议讨论、函件形式对报告提出了修改意见，课题组按照意见修改后，于 2019 年 4 月中旬编制形成《中国水电移民经验研究报告（送审稿）》。

为加强与国际行业组织、其他国家做法的对标，扩大研究视野，聚焦研究重点，有的放矢，课题组开展了对外调研交流。2019 年 1 月、3 月，课题组组团先后赴东南亚 3 国、非洲 2 国进行了调研交流。2019 年 6 月，课题组组团赴加拿大渥太华参加国际大坝委员会第 87 届年会水库移民专委会会议进行调研交流；7 月，课题组组团赴世界银行总部进行调研交流。结合国际交流调研，2019 年 8 月 5—6 日，课题组开展了第五次集中办公，再次对报告进行了修改和完善。2019 年 9 月课题通过验收并定稿。在《中国水电移民经验研究报告》成果基础上，水电总院组织了部分长期从事移民安置工作的实践者和行业专家，成立编委会，从国际化视野角度，按照践行"走出去"战略、提升国际影响力、宣传推广中国水电移民经验的要求编写完成《中国水电移民实践经验》。

本书全面梳理了中国水电移民政策体系、技术标准体系以及移民行业演变历程，突出展现了中国不同时期移民安置的特点；也收集整理了部分典型案例，通过对案例的全方位剖析，结合多年来的中国水电开发实践经验，深入分析总结了中国水电移民实践经验，归纳提出了中国水电行业目前"以人为本"的移民安置理念、完善的政策法规体系、成熟的技术管控标准、健全的管理体制机制等四大特点。全面总结提炼出科学合理界定处理范围、全面准确调查实物指标、依法依规合理补偿补助、超前谋划精心组织移民搬迁等中国水电移民实践经验。此外，本书还介绍了国际标准对标工作，通过对标充分展示了中国水电移民安置的理念和经验，为国际非自愿移民安置工作提供了有益借鉴。

本书编写过程中，得到了水电总院、世界银行驻华代表处、水利部水利水电规划设计总院、中国电建集团华东、昆明、西北、贵阳、中南、成都、北京等勘测设计研究院有限公司和长江勘测规划设计研究有限责任公司、中国长江三峡集团有限公司移民工作办公室、中电四川（江边）发电有限公司、四川华电泸定水电有限公司等有关单位的大力支持，在此一并表示感谢。同时感谢世界银行研究团队项目经理姚松岭、Mauricio Vieira、顾问张朝华、Susan Shen、咨询专家 Daniel R. Gibson、钟水映、陈绍军、李凡。

限于作者知识和水平，书中难免存在不妥之处，敬请读者批评指正。

作者

2020 年 6 月

目　录

1

概　　述

　　水电工程具有发电、防洪、供水、航运、灌溉等综合利用功能，是技术成熟、运行灵活、运行费低的清洁能源工程。目前[1]，全球常规水电装机容量约 10 亿 kW，年发电量约 4 万亿 kW·h，开发程度为 26%（按发电量计算），其中，欧洲、北美洲水电开发程度分别达 54% 和 39%，南美洲、亚洲和非洲水电开发程度分别为 26%、20% 和 9%。发达国家水能资源开发程度总体较高，如瑞士达到 92%、法国 88%、德国 74%、日本 73%、美国 67%；发展中国家水电开发程度普遍较低。今后全球水电开发将集中于亚洲、非洲、南美洲等资源开发程度不高、能源需求增长快的发展中国家，预测 2050 年全球水电装机容量将达 20.5 亿 kW。

　　中国河流众多、径流丰沛、落差巨大，水能资源丰富。自 1949 年以来，尤其是改革开放以来，随着经济社会的发展，水电作为国家清洁能源体系的一个重要组成部分，得到了长足的发展。长江三峡、瀑布沟、洪家渡、向家坝等一批重大工程相继建成，发挥了巨大的经济效益和社会效益。据统计[2]，截至 2018 年年底，中国水电总装机容量达到 35226 万 kW，占全国发电总装机容量的 18.5%，水电发电量 12329 亿 kW·h。中国能源消费中清洁能源消费占比逐步提升，能源结构朝清洁化、优质化方向发展，2018年清洁能源消费占比达 22.1%，比 2017 年上升 1.3 个百分点，其中水电等可再生能源消费占比约 12.4%。世界能源消费结构方面，可再生能源消费占比呈现稳步增长，能源消费保持清洁发展趋势。

---

[1]　数据来源：中国国家能源局《水电发展"十三五"规划（2016—2020 年）（发布稿）》。
[2]　数据来源：水电水利规划设计总院《中国可再生能源发展报告 2018》。

水电工程开发建设过程中，为了蓄洪补枯、蓄水蓄能，需要在河流上修筑大坝，抬高坝上游的水位，形成水库，将不可避免地淹没土地造成移民搬迁（非自愿移民）。通常，大坝越高，库容越大，水库淹没面积越大，征地移民数量越多。据不完全统计，截至 2018 年年底，中国已拥有水库大坝 9.8 万余座，水利水电工程移民现状人口约有 2400 万人。水利水电工程移民的特点是非自愿性，征地移民规模大、工作任务重，淹没集中连片影响程度深，多为经济欠发达区，淹没对象类型杂、区划多，跨行业、跨层级协调量大，利益交错，情况复杂。如何使移民得到妥善安置，并让其具备可持续的发展能力，是当前水电开发面临的一大挑战。

中国是一个幅员辽阔、疆域广大的国家，域内地形、地貌、气候、资源禀赋、区域条件、人文环境差异较大，加之经济社会发展及政策差异，区域发展不平衡，东南沿海地区的经济发展较快，部分城市收入水平已接近发达国家；而中西部大部分地区的发展相对滞后，城乡之间、不同省份之间在居民收入以及教育、社保、居住、环保等社会资源方面的差异也较大。同时，中国是一个多民族国家，以汉族为主，还有 55 个少数民族，各民族有自身的文化特点，民族分布呈现大杂居、小聚居、相互交错居住的特点。如何结合中国国情和中国实际，协调制定水电移民政策更是一个难题。

自 1949 年新中国成立后，特别是 1978 年改革开放以来，随着中国改革开放不断深化，逐步实现了从计划经济体制到社会主义市场经济体制的转变，经济发展活力持续释放，经济社会得到了快速发展。根据经济社会发展的不同时期，为适应时代背景和时代特点，安置好水电移民，在不同的发展时期，中国因时制宜地制定了一系列的方针政策，有力地推动了移民安置和水电事业的发展。总体而言，中国水电工程建设征地移民安置政策根据不同时期的国情及国内经济社会发展不断完善，经历了探索、发展、完善、成熟等四个阶段，其间，中国也借助世界银行贷款建设的水口水电站等工程学习借鉴了世界银行等国际金融机构和其他国家成熟的移民安置经验，在移民安置实践中不断发展和完善中国水电移民政策。

在不断实践、借鉴、总结和提升过程中，中国水电移民政策也在不断丰富和完善，移民安置实施管理工作亦逐步规范，总体上水电移民安置实施取得了良好成效。水电移民通过前期补偿、补助和后期扶持，收入水平已基本达到或超过其原有水平，能够得到较好的安置。良好的生活环境、完善的基础设施和服务体系，不仅满足了移民生产生活需要，提高了移民生活质量，也为移民发展致富奠定了坚实的基础。总体而言，中国的水电移民安置工作走过了政策法规和配套政策不断完善、移民管理机构职能及监管机制不断健全、移民安置方式不断丰富、后期扶持力度不断加强、移民工作重点关注问题不断深入的发展历程，目前已经基本建立和健全了水电移民法律法规体系，构建了已被证明行之有效的移民工作管理体制机制；尤其是国务院《大中型水利水电工程建设征地补偿和移民安置条例》从法律层面明确了移民安置工作实行"政府领导、分级负责、县为基础、项目法人参与"的管理体制，对移民安置方针、目标、实施、监督管理等进行了规定，标志着中国的移民安置政策体系更加成熟，使得移民安置工作规范有序，移民安置成效显著，为促进地方经济社会发展和移民脱贫致富做出了重要贡献，有力地推进了水电行业健康快速发展。

经过长期的实践验证、积累总结，中国水电移民安置成熟的做法或经验在行业内全面推广，对行业外的征地拆迁工作产生了积极的影响，主要经验有：科学合理界定建设征地处理范围；全面准确调查实物指标；依法依规合理补偿补助；超前谋划，精心组织移民搬迁；因地制宜，与时俱进恢复生计；高度融合，促进可持续发展；保护各方权益，强化公众参与；保护文物古迹，传承历史文化；关注少数民族，重视弱势群体；全面细致规划，适时调整方案；政府主导，保障移民安置实施；健全管理机构，保障移民工作；完善标准体系，全面技术控制；加强过程管控，全面监督管理；创新利益共享，助力库区经济发展；移民安置政策适时调整，因地制宜分级管理；等等。

中国通过实践总结形成的水电移民安置经验做法，部分借鉴了世界有关组织或其他国家的经验，并有所消化和提升，得到了世界银行等国际组织的高度认可。从世界范围来看，中国水电移民安置的成功经验有一定的代表性，尽管政治制度不尽一致，水电开发模式不尽相同，但中国水电移民安置的理念、技术标准、具体做法等经验，对不同经济发展水平、不同开发条件的国家或行业均有一定的借鉴意义，可以在世界范围内、新的水电开发项目中提供中国方案，并应用中国水电技术标准和实践经验解决水电开发面临的相关挑战；同时，在相互交流过程中不断吸纳其他国家或行业的做法精华，完善中国水电移民法规政策和技术标准，不断提升中国水电移民工作管理水平。

移 民 政 策 体 系

政策是经济社会和政治体制发展状况的体现和载体。《中华人民共和国宪法》规定："中华人民共和国的社会主义经济制度的基础是生产资料的社会主义公有制，即全民所有制和劳动群众集体所有制。""城市的土地属于国家所有，农村和城市郊区的土地，除由法律规定属于国家所有的以外，属于集体所有；宅基地和自留地、自留山，也属于集体所有。国家为了公共利益的需要，可以依照法律规定对土地实行征收或者征用并给予补偿。"在此基础上，《中华人民共和国土地管理法》及配套法规规定了各种土地的补偿标准，并基于水电工程建设征地的特点和国家经济能力，规定："大中型水利、水电工程建设征收土地的补偿费标准和移民安置办法，由国务院另行规定。"据此制定的《大中型水利水电工程建设征地补偿和移民安置条例》对建设征地补偿和移民安置目标、原则、管理体制、移民安置规划、征地补偿、移民安置、后期扶持、监督管理、法律责任等进行了明确的规定。根据移民工作管理体制，中国各省、自治区、直辖市制定了更加细化的政策法规。

中华人民共和国成立以来，基于各时期经济社会发展水平和国力条件，中国水电工程移民政策从无到有，经历了从制度建立到不断根据实际情况丰富完善的过程。虽然在部分时段由于缺乏政策支撑、技术指导和政策实际应用过程中操作性不足等原因，过去的移民安置工作实践也存在一定的问题，走了一些弯路，但随着问题的出现，中国根据不同时期的经济形势、社会发展背景，结合同时期水利水电工程建设过程中出现的移民实际问题，坚持以人为本、实事求是，高度重视水电工程移民安置和可持续发展工作，不断调整丰富完善着水电工程移民安置相关政策。中国水电工程移民政策经历了探索、发展、完善、成熟多个阶段。

2.1 发展历程

回顾中国水电移民政策的发展历程，是一个由政策探索、政策发展、政策完善直到政策成熟的过程。自中华人民共和国成立起，移民安置政策探索期历时约 30 年，这一时期没有形成专门的移民安置政策，移民安置主要采取单纯的补偿性安置办法；移民安置政策发展期历时 10 余年，这一时期陆续出台了一些移民政策、规定和适用性的技术标准，正式确定了水电移民实行开发性移民的方针；移民安置政策完善期历时约 15 年，这一时期形成了一套前期补偿与后期扶持相结合的开发性移民政策体系，多渠道安置方式开始实行；2006 年至今为移民安置政策成熟期，这一时期的移民政策重心是让移民从水电开发中受益。同地同价、利益共享等配套政策的研究和提出为中国水电移民政策的进一步发展指明了方向。

2.1.1 移民安置政策探索期

1949 年到 20 世纪 80 年代初期为移民安置政策探索期，以新中国成立和改革开放为重要节点。该时期中国百废待兴，开展了大规模的基础设施建设，兴建了一批水利水电工程。虽然各级政府对处理水电移民问题都比较慎重，但缺乏对移民安置工作复杂性和艰巨性的认识，重工程而轻移民，移民安置工作主要执行通用法规，即 1953 年、1958 年《国家建设征用土地办法》中征地补偿的有关规定，移民安置工作缺乏统一的专业的法规和完善的规划。

这一时期中国的经济社会水平较低，移民安置主要采取单纯的补偿性安置办法。当时新中国刚成立，举国开展社会主义建设热情高，全国人口仅 6 亿多人，人少地多，土地矛盾不突出，同时生产水平比较低，移民诉求少，搬迁热情高，移民工作的主要目的在于开垦荒地，增产粮食和工业原料❶，水库移民基本上采取农业生产安置，或远迁开垦荒地发展生产，或就近后靠开发山林；就近安置的移民基本能在较短时间内恢复生产生活，遗留问题主要是少量工程跨省远迁导致移民生产生活环境改变难以适应。

---

❶ 童禅福. 国家特别行动：新安江大移民［M］. 北京：人民文学出版社，2009：23.

在此期间，建成的大中型水利水电代表性工程有淮河石漫滩水库、梅山水库、佛子岭水库、山东东平湖治理工程、四川狮子滩水电站、福建古田一级（一期）、黄河三门峡水利枢纽、浙江新安江水库、汉江丹江口水库、黄河刘家峡水电站等。

2.1.2 移民安置政策发展期

20 世纪 80 年代初期到 90 年代初期为移民安置政策发展期，以改革开放和 1991 年第一部《大中型水利水电工程建设征地补偿和移民安置条例》（简称《移民条例》）的颁布为重要节点。该时期中国处于传统的计划经济向社会主义市场经济过渡阶段。伴随着改革开放的脚步，中国的水电工程建设也迎来了良好的发展契机。随着经济发展和基础设施建设大规模的开展，土地的需求量大大增加，人地矛盾开始凸显，对于征地范围广、涉及人口多且集中的水电工程，用地矛盾和社会矛盾问题越发集中，中国开始重视移民安置科学规划，以及动迁后的后续生产发展问题，并采取了一系列的措施来着手解决历史遗留问题。

首先，发布《国家建设征用土地条例》（1982 年），正式规定大中型水利水电工程建设的移民安置办法另行制定，自此将水利水电工程移民工作提到了需要制定专门法规的议事日程。

其次，颁布《关于抓紧处理水库移民问题的通知》（1986 年），首次明确移民安置改消极赔偿为积极创业，变救济生活为扶持生产，打破了单纯安置补偿的做法，并正式确定水电移民实行开发性移民的方针，改变了"重工程、轻移民"的观念，为此后中国的移民安置工作提供了"指路明灯"。

第三，制定《关于从水电站发电成本中提取库区维护基金的通知》（1981 年）、《关于增提库区建设基金的通知》（1986 年），明确从发电收益中设立库区维护基金、库区建设基金，集中解决水库移民遗留问题。

第四，以文件形式初次明确移民工作体制。在 1984 年 9 月颁布了《关于印发〈基本建设项目投资包干责任制办法〉的通知》（计基〔1984〕2008号）和《关于征用土地费包干使用暂行办法》〔（84）农（土）字第 30 号〕，明确将水库移民安置实施的责任交由地方政府负责，并实行投资包干制度。

第五，发布中国第一部关于水利水电工程建设征地移民安置方面的技术标准，移民安置规划设计逐步走向规范化。1984 年水利电力部颁布了《水利水电工程水库淹没处理设计规范》（SD 130—84），首次明确了移民安置规划设计深度要求。该标准在很长一段时期较好地指导了中国水利水电工程移民前期设计工作。此后，1986 年水利电力部水利水电规划设计总院又颁发试行了《水利水电工程水库淹没实物指标调查细则》和《水库库底清理办法》，作为 SD 130—84 的补充规定，并草拟了《水库移民安置编制规程》和《水库淹没处理补偿投资概算编制规定》，对水库淹没处理范围的确定、淹没实物指标的调查、移民安置规划和补偿投资概算编制工作等进行了具体规定和规范。

这一时期，伴随着经济发展，打破了单纯补偿安置的做法，正式确定了水电移民实行开发性移民的方针，并将制定移民的专门法规提上议事日程，发布了第一部移民安置技术标准，移民安置政策从无到有、逐步完善，"有土从农"为主的移民安置方式得以明确，补偿项目和内容逐渐细化，补偿体系逐渐形成，管理体制机制初步建立，移民安置工作变得有章可循。

在此期间建成的大中型水利水电代表性工程有龙羊峡、紧水滩、鲁布革、长甸、沙溪口等。

这一时期的移民政策是从改革开放后处理上一时期水电移民遗留问题开始的，是移民政策调整的发展期，移民安置基本出发点还是建立在有土安置基础上的开发性移民，为《大中型水利水电工程建设征地补偿和移民安置条例》（国务院令第 74 号）的出台奠定了基础。

2.1.3 移民安置政策完善期

20 世纪 90 年代初期至 2006 年为移民安置政策完善期，以新旧两部《移民条例》为重要节点。随着国家经济社会形势的不断发展变化，中国水电移民安置在客观方面人多地少的矛盾日益突出，历史遗留问题的影响也逐渐显现。中国水电移民政策在这一时期完成了从纯粹补偿向规划安置补偿思路的转变，基本形成了一套前期补偿与后期扶持相结合的开发性移民政策体系。

首先，颁布了第一部水利水电行业专门的征地补偿和移民安置法规《大中型水利水电工程建设征地补偿和移民安置条例》（国务院令第 74 号）。该条例是国家为加强大中型水利水电工程建设征地和移民的管理，合理征用土地，妥善安置移民，在总结 40 多年水电移民工作经验的基础上充分研究后出台的。与之相关的政策法规研究与出台工作相继开展，国土、林业、建设、交通等国家其他行业也颁布了与水电工程移民有一定关系的通用法规，有的省、自治区还为本省重点水电站的移民安置制定了优惠政策，移民政策体系逐年完善。

其次，进一步加强了土地管理，提高和规范了土地补偿补助标准。为保护耕地资源，加强土地管控，适应市场经济发展要求，1998年国家修订颁布了《中华人民共和国土地管理法》；针对水电工程投资大、占地多的特点，2001年国土资源部、国家经济贸易委员会（简称经贸委）、水利部专门出台了《关于水利水电工程建设用地有关问题的通知》（国土资发〔2001〕355号），明确了水电水利工程征地程序，并进一步明确了土地补偿和税费标准。2004年，为解决征地工作中各方反映的补偿标准偏低、同地不同价、随意性较大等突出问题，国务院、国土资源部先后颁布了《国务院关于深化改革严格土地管理的决定》（国发〔2004〕28号）和《关于印发〈关于完善征地补偿安置制度的指导意见〉的通知》（国土资发〔2004〕238号），明确了土地补偿定价主体及要求，要求各省、自治区、直辖市制订并公布各市县征地的统一年产值标准或区片综合地价。

第三，完善了关于水利水电工程建设前期移民工作的相关政策及技术标准。《大中型水利水电工程建设征地补偿和移民安置条例》中明确规定，必须按照经济合理的原则编制水库淹没处理和移民安置规划，没有移民安置规划不得审批工程设计文件、不得办理征地手续、不得施工，将水库建设前期移民安置工作上升到法律高度。1992年12月，能源部、水利部、水利水电规划设计总院联合印发了《关于加强水库淹没处理前期工作的若干意见》，要求高度重视水利移民的前期工作，提高水库淹没处理和移民安置规划的深度、精度和设计水平，扭转"重工程、轻移民"的被动局面；同时对1984年颁布的《水利水电工程水库淹没处理设计规范》（SD 130—84）进行了修订，于1996年由电力工业部发布了《水电工程水库淹没处理规划设计规范》（DL/T 5064—1996）；2002年国家经贸委制定并发布了《水电工程设计概算编制办法及计算标准》（2002年版）。这些行业标准的制定不断完善了中国水电移民前期工作的法律体系，进一步明确了移民前期工作的重要性，使得水电移民前期工作的进展、质量基本能满足国家水利水电工程建设的需要。

第四，国家和各省开始重视移民安置过程管理方面的政策研究出台。针对移民安置工作各方关系不顺、职责不明确等问题，国家发展计划委员会（简称计委）颁布了《水电工程建设征地移民工作暂行管理办法》（计基础〔2002〕2623号），该政策提出了"政府负责、投资包干、业主参与、综合监理"的管理体制，全面系统明确了各级地方政府、移民机构、项目法人、设计单位和监理单位等有关部门和单位的责任和义务，移民工作管理走上了制度化、规范化的轨道。针对补偿费用变更问题，1998 年电力工业部颁布了《关于在建水电工程水库移民安置规划及补偿投资概算调整的规定》（电水规〔1998〕101 号）。

第五，进一步加强遗留问题的处理，提出了后期扶持政策。1996 年国家计划委员会、财政部、电力部、水利部联合下发了《关于设立水电站和水库库区后期扶持基金的通知》（计建设〔1996〕526 号），规定对于在 1986 年到 1995 年投产和 1996 年以前国家批准开工的大中型水电站、水库库区，按照每个移民 250～400 元，在各水电站发电成本中提取库区移民后期扶持基金，由各省专项用于解决移民的生产发展以及历史遗留问题。2002 年国务院办公厅转发了水利部、财政部等部委及国家电力公司《关于加快解决中央直属水库移民遗留问题的若干意见》（国办发〔2002〕3 号），决定从 2002 年到 2007 年，按各省销售的全部电量每千瓦时不超过 2 厘钱的标准提取库区建设基金，用 6 年时间解决 1985 年底前投产的中央直属水库移民遗留问题。

这一时期是中国移民安置政策的完善时期。随着国家经济社会的不断发展，基本形成了一套前期补偿与后期扶持相结合的开发性移民政策体系，颁布了第一部水利水电行业专门的征地法规，提高和规范了土地补偿补助标准，明确了各级地方政府、移民机构、项目法人、设计单位和监理单位等有关部门和单位的责任和义务；移民安置政策、法规进一步完善，补偿政策进一步细化，补偿标准内涵进一步拓展，管理体制机制初步形成，后期扶持政策得到明确。

在此期间建成的大中型水利水电代表性工程有水口、五强溪、岩滩、天生桥一级、漫湾、宝珠寺、二滩、洪家渡、莲花水库、小浪底、三峡等。

这一时期总的移民政策以《移民条例》为核心，移民安置还是建立在有土安置基础上的开发性移民。但随着人多地少矛盾的日益突出，这一方式面临很大困难，同时经济社会发展为多渠道安置移民提供了机会，也为《移民条例》进一步修改提供了基础。移民安置的基本出发点还是补偿和安置，没有上升到移民从项目开发中受益的认知高度。

2.1.4 移民安置政策成熟期

2006 年至今为移民政策成熟期。这一时期，中国的经济发展也进入了新的高度，综合国力显著增强，人民的生活水平显著提高，水利水电建设全面开展。中国的水电移民政策进入了以人为本、实现移民可持续发展以及构建社会主义和谐社会的成熟阶段。

首先，建立了分级明确、分类全面的水电移民政策体系。该时期，政策实行国家、省级和市县级的分层管理，发挥不同法律效力，完善且灵活；政策内容更加全面，既包含前期规划设计阶段的政策，也包含移民安置实施阶段和后期扶持阶段方面的政策，且政策涉及移民工作各项工作内容。

其次，贯彻以人为本、利益共享思想为原则，完善了移民前期安置补偿政策及实施监督管理要求。2006 年颁布修订《大中型水利水电工程建设征地补偿和移民安置条例》（国务院令第 471 号），并于 2017 年对该条例再次修订，指导全国的移民安置工作；2007 年全国人民代表大会通过了《中华人民共和国物权法》，进一步明晰了各项权益及法律保障；2012 年以来，国家先后提出了共享发展、水电开发促进移民脱贫致富、推进水电开发利益共享等工作要求，进一步加大了对移民，尤其是贫困地区移民利益的倾斜；研究发布《关于做好水电开发利益共享工作的指导意见》（发改能源规〔2019〕439 号）。

再次，2006 年国务院颁布了《国务院关于完善大中型水库移民后期扶持政策的意见》（国发〔2006〕17 号），该文件以及一系列的配套文件使中国的水电移民形成了一套具有中国特色且较为完善的后期扶持政策体系，国家更加关注移民后续发展。

最后，水电移民技术工作得到进一步规范，规划设计深度进一步提高。2007 年，国家发展和改革委员会组织对《水电工程水库淹没处理规划设计规范》（DL/T 5064—1996）进一步修订，以 2007 年第 42 号公告发布了《水电工程建设征地移民安置规划设计规范》（DL/T 5064—2007）等 8 个规范，与 DL/T 5064—1996 相比，进一步明确了移民安置规划设计的任务，细化了规范构成，加深了移民安置涉及的农村移民安置、城镇集镇处理、专业项目处理的规划设计深度，对补偿项目划分和费用构成以及补偿标准进行了补充完善。2013—2015 年，国家能源主管部门又先后发布了《水电工程建设征地移民安置验收规程》（NB/T 35013—2013）等 5 项规范。2016年按照全生命周期理念启动水电行业技术标准体系表研究工作，确定标准体系中征地移民技术标准 28 项。

这一时期是中国移民安置政策的完善时期，经过 60 多年水电工程移民工作的实践，中国确立了以人为本的水电移民安置理念，构建了一套行之有效、层次分明的政策法规体系和覆盖工程建设全生命周期的技术标准体系。

中国移民政策法规体系层次设置分明，采用以《中华人民共和国宪法》为根本法、《中华人民共和国土地管理法》《中华人民共和国水法》等国家法律为上位法、《大中型水利水电工程建设征地补偿和移民安置条例》为移民专用法，以及《国家计委关于印发水电工程建设征地移民工作暂行管理办法的通知》（计基础〔2002〕2623号）、《关于完善征地补偿安置制度的指导意见》（国土资发〔2004〕238号）、《国务院关于完善大中型水库移民后期扶持政策的意见》（国发〔2006〕17号）等为实施办法的政策架构，并实行国家、省级和市县级政府的分级管理；移民政策法规以社会主义公有制为基础，坚持开发性移民方针，遵循前期补偿补助管安置、后期扶持促发展的安置办法，重视公众参与，实行政府负责（政府领导、分级负责、县为基础）、项目法人参与、综合监理和独立评估的移民工作管理体制，移民安置的管理机制体制完备建立，并通过建立基本住房保障、弱势群体重点帮扶、解决基础设施落后问题等措施，全面提升移民安置后的生产生活水平。中国移民安置技术标准体系覆盖了水电工程从规划及设计、建造调试及验收、运行维护至退役的各阶段。

这些政策法规和技术标准构成了中国水电工程建设征地移民安置工作的政策基本框架，明确了移民工作在各个阶段"干什么""怎么干"以及"谁来干"，为依法依规开展水电工程移民安置工作提供了良好的法律环境、细致的技术指导和全面的技术控制管理，有力保障了水库移民权益，大力促进了水电工程的建设。

在此期间建成的大中型水利水电代表性工程有三板溪、光照、龙滩、托口、彭水、瀑布沟、向家坝、溪洛渡、小湾、泰安抽水蓄能、长洲水利枢纽、锦屏一级等工程。

2.2 分级管理

中国实行土地的社会主义公有制，土地所有权为国家所有和农民集体所有。中国的移民政策均是以此为基础来制定的。中国实行开发性移民政策，采取前期补偿补助与后期扶持相结合的办法。根据这一工作理念，现行的水电移民政策法规可分为补偿政策、安置政策、后期扶持政策、管理政策4个部分：补偿政策是对移民的补偿范围、对象、项目和标准的规定；安置政策是对移民的安置方式、安置标准、安置目标、安置程序以及安置效果的规定；后期扶持政策是针对库区移民的扶持范围、扶持对象、扶持方式、扶持标准、扶持期限等的规定；管理政策是对移民工作参与方工作职责和工作程序的规定。

考虑到中国地域辽阔，各地在地理位置、自然环境、资源禀赋、经济水平、文化风俗的差异，移民政策实行国家、省级以及市县级政府的分级管理。各层级法律法规赋予了不同的法律效力，也考虑了各地的实际情况，针对性和可操作性都很强。

2.2.1 国家级政策法规

国家级的政策法规主要包括《中华人民共和国宪法》《中华人民共和国土地管理法》、其他通用法律法规、《大中型水利水电工程建设征地补偿和移民安置条例》和其他移民专用法规、行业技术标准。

2.2.1.1 《中华人民共和国宪法》

《中华人民共和国宪法》是中华人民共和国的根本大法，拥有最高法律效力。新中国成立以来，曾于 1954 年 9 月 20 日、1975 年 1 月 17 日、1978 年 3 月 5 日和 1982 年 12 月 4 日通过四部宪法，现行宪法为 1982 年宪法，并历经 1988 年、1993 年、1999 年、2004 年、2018 年五次修订。历次宪法的修订均对国家土地所有权性质进行了规定，并针对公共利益需要而开展的土地征收行为赋予了权力。1982 年宪法规定中国是一个以"全民所有"和"劳动人民集体所有"（第六条）的公有制为基础的社会主义经济体制的国家；城市土地属于国家所有（全民所有），农村土地除法律规定属于国家所有的外属村集体所有；国家为了公共利益的需要，可以依照法律规定对土地实行征用。2004 年对 1982 年宪法进行修正，宪法明确规定"国家为了公共利益的需要，可以依照法律规定对土地实行征收或者征用并给予补偿"。目前，中国水电工程建设征地工作就是根据宪法授予的法定权力开展征收、征用工作，是建设征地移民安置工作的前提和基础。

2.2.1.2 《中华人民共和国土地管理法》

中国一直以来依据土地管理专用法规进行土地征收和征用补偿。从 1953 年 12 月国家颁布的第一部与征地移民有关的法规《国家建设征用土地办法》至今，国家先后 7 次颁布和修订了土地管理法规，不断地改革、修订和完善土地管理及征地补偿制度，并将这方面的制度由最初的管理办法、条例上升到法律的形式，即《中华人民共和国土地管理法》。

1953 年、1958 年《国家建设征用土地办法》规定，征地补偿范围仅仅包括耕地、房屋和一些个人所有的地上附着物。改革开放后，中国进入大规模基本建设时期，土地利用规模逐年增加，为节约用地，加强土地管理，规范征地补偿行为，中国在 1982 年颁布《国家建设征用土地条例》，在原来只有土地补偿费的基础上增加了安置补助费，补偿标准有所提高，补偿内容也逐渐扩大完善，基本达到了"征地影响什么补偿什么"。同时，考虑到国家经济发展水平不高，而水利水电工程建设征地集中、面广、量大以及水利水电项目前期投入大、投资回收期长的特点，该条例还规定："大中型水利、水电工程建设的移民安置办法由国家水利电力部门会同国家土地管理机关参照本条例另行制定。"这是国家根据多年来水利水电工程移民的特点和实际需要将水利水电工程移民工作提到了需要制定专门法规的议事日程，也标志着中国水电移民政策从适用普适性的法律法规走上了探索建立行业性专项法规之路。其后，在 1986 年颁布了《中华人民共和国土地管理法》并经多次修订，其中均延续规定："大中型水利、水电工程建设征收土地的补偿费标准和移民安置办法，由国务院另行规定。"

《中华人民共和国土地管理法》针对中国土地资源的权属、保护、开发与利用做出了明确规定：中国的土地所有制是社会主义公有制，出于国家利益的需要，可以依法征收或者征用土地并作相应的补偿，而且对被征用土地的补偿补助标准以及征用土地的法律程序也做出了相应的规定；随着历次修订，对于被征收或征用土地的补偿标准也逐步提高（表 2-1）。

表 2-1 　　《中华人民共和国土地管理法》耕地补偿标准对照表

序号	法律法规公布时间	名称	土地补偿倍数	安置补助倍数	土地补偿＋安置补助倍数	土地补偿＋安置补助最高倍数	备注
1	1958 年	国家建设征用土地条例	2～4				
2	1982 年	国家建设征用土地条例	3～6	2～3	5～9	最高不得超过 20 倍	
3	1988 年	中华人民共和国土地管理法	3～6	2～3	5～9	最高不得超过 20 倍	
4	1998 年	中华人民共和国土地管理法	6～10	4～6	10～16	最高不得超过 30 倍	

2.2.1.3 其他通用法律法规

由于水利水电工程移民安置涉及社会、政治、经济、文化等各个领域，内容广泛复杂，因此涉及的其他通用法律法规和行业规章也很多。通用法律主要有《中华人民共和国水法》《中华人民共和国农村土地承包法》《中华人民共和国物权法》《中华人民共和国城市房地产管理法》《中华人民共和国民族区域自治法》《中华人民共和国环境保护法》《中华人民共和国水土保持法》《中华人民共和国文物保护法》《中华人民共和国水污染防护法》《中华人民共和国森林法》《中华人民共和国草原法》《中华人民共和国矿产资源法》《中华人民共和国野生动物保护法》《中华人民共和国政府信息公开条例》《中华人民共和国信访条例》等。国家行业主管部门颁布的城镇建设、铁路、公路、电力、邮电、文物、环境保护、草原、森林、矿产资源等行业规章，与水电工程移民安置工作息息相关，也是移民政策的重要组成。

2.2.1.4 《大中型水利水电工程建设征地补偿和移民安置条例》

根据《中华人民共和国土地管理法》的授权，国务院于 1991 年 1 月颁布了第一部《大中型水利水电工程建设征地补偿和移民安置条例》（国务院令第 74 号），该法规是中国根据水利水电行业特点，在总结 40 多年移民安置工作经验教训的基础上制定的，对规范征地补偿和移民安置工作、促进水利水电工程建设发挥了积极的作用，是中国水利水电工程建设征地移民专用法规的核心政策，属于国务院颁发的行政法规，效力仅次于法律，是综合性移民政策法规。

《大中型水利水电工程建设征地补偿和移民安置条例》对中国水利水电工程建设征地移民安置的方针、原则、补偿范围、补偿标准、安置方式以及移民工作程序等各个方面都做了较为全面的规定，从此中国的水电移民工作结束了无章可循的历史，开始走上了规范化、制度化的道路。该条例第一次以国务院行政法规的形式明确提出了"国家提倡和支持开发性移民，采取前期补偿、补助与后期生产扶持的办法"的移民安置工作理念，为以后中国水利水电工程开展建设征地和移民安置补偿工作奠定了基础，该理念也是中国水利水电工程、其他建设项目征地工作与国际同类工程项目通常做法的重要不同点和创新点。

2006 年 3 月 29 日，国务院讨论通过了全面修订后的《大中型水利水电工程建设征地补偿和移民安置条例》（国务院令第 471 号）。该条例增加了"以人为本，保证移民合法权益，满足移民生存与发展的需求"的原则，从保护移民合法权益、维护社会稳定出发，明确了移民工作实行政府领导、分级负责、县为基础、项目法人参与的管理体制；规范了移民安置规划的编制程序，强化了移民安置规划的法律地位，明确提出未编制规划或者规划未经审核的，不得批准项目开工建设，不得为其办理用地等有关手续，经批准的移民安置规划应当严格执行，不得随意调整或者修改；对征收耕地的土地补偿费和安置补助费标准、移民安置的程序和方式、移民安置参与和申诉渠道以及移民工作的监督管理等问题做了比较全面详细的规定，加大了补偿力度，拓宽了移民安置方式选择范围及移民参与力度，明确了后期扶持工作程序及监督管理要求。

2017 年，随着国家经济条件的改善，为平衡不同行业征地补偿行为，适应工程建设和移民安置的需要，并衔接铁路等其他建设项目征地补偿标准，国务院以第 679 号令修改了《大中型水利水电工程建设征地补偿和移民安置条例》，正式以行政法规的形式明确："大中型水利水电工程建设征收土地的土地补偿费和安置补助费，实行与铁路等基础设施项目用地同等补偿标准，按照被征收土地所在省、自治区、直辖市规定的标准执行。"

2.2.1.5 其他移民专用法规

在《大中型水利水电工程建设征地补偿和移民安置条例》的基础上，中国还出台了《国家计委关于印发水电工程建设征地移民工作暂行管理办法的通知》（计基础〔2002〕2623 号）、《关于印发〈关于完善征地补偿安置制度的指导意见〉的通知》（国土资发〔2004〕238 号）、《国务院关于完善大中型水库移民后期扶持政策的意见》（国发〔2006〕17 号）等其他移民专用法规。

针对移民安置工作各方关系不顺、职责不明确等问题，《国家计委关于印发水电工程建设征地移民工作暂行管理办法的通知》（计基础〔2002〕2623 号），提出了"政府负责、投资包干、业主参与、综合监理"的管理体制，全面系统明确了各级地方政府、移民机构、项目法人、设计单位和监理单位等有关部门和单位的责任和义务，移民工作管理走上了制度化、规范化的轨道，是重要的移民工作管理政策。

2004 年，为解决征地工作中各方反映的水利水电工程补偿标准偏低、同地不同价、随意性较大等突出问题，国务院、国土资源部先后颁布了《国务院关于深化改革严格土地管理的决定》（国发〔2004〕28 号）、《关于完善征地补偿安置制度的指导意见》（国土资发〔2004〕238 号），明确了土地补偿定价主体及要求，要求各省、自治区、直辖市制订并公布各市县征地的统一年产值标准或区片综合地价，此外还对被征地农民安置途径、征地工作程序、征地实施监管等进行了规定。

为解决老水库移民的温饱问题、库区和安置区基础设施薄弱的突出问题以及新建水库移民的后续发展问题，使移民的生活水平不断提高，逐步达到当地农村平均水平，中国于 2006 年颁布了《国务院关于完善大中型水库移民后期扶持政策的意见》（国发〔2006〕17 号），该政策加大了对移民后期扶持的力度，是专用的移民后期扶持政策。针对过去后期扶持政策涉及范围小、扶持标准低且差异大、扶持期限长短不一等问题，规定后期扶持的范围是所有大中型水库农村移民，并且自搬迁之日算起（2006 年 6 月 30 日以前搬迁的从 7 月 1 日算起）连续扶持 20 年，每年每人扶持 600 元，该标准全国统一，各地不得自行确定其他标准。扶持方式遵循"一个尽量、两个可以"的原则，即将后期扶持资金能发放到移民个人的尽量发放到个人，也可以实行项目扶持的方式或者两者结合的方式，具体选择何种扶持方式是由地方政府在充分尊重移民意见和安置地群众以及的基础上确定。此外还规定，除了每年每人 600 元的扶持资金外，还必须通过其他渠道筹措资金，重点加强库区及移民安置区社会基础设施的建设、库区生态环境的保护及移民的劳动技能的培训和职业教育等，以保证移民的生产生活条件及后续的发展力量。此外，国家相关部委相继制定了一系列的配套文件，对后期扶持资金的来源、筹集办法以及具体后期扶持政策的实施都做了详细的规定。

2.2.1.6 行业技术标准

随着中国经济社会的发展和对水电工程建设征地移民安置工作重视程度的提高，为规范移民安置规划设计工作，适应水电工程项目核准和建设需要，国家发展和改革委员会依据《大中型水利水电工程建设征地补偿和移民安置条例》的精神和原则，制定和颁布了一系列规划设计工作的电力行业标准。

目前，中国水电工程建设征地移民安置规划设计工作正在执行的技术标准主要包括以下方面：

（1）国家发展和改革委员会以 2007 年第 42 号公告发布的《水电工程建设征地移民安置规划设计规范》（DL/T 5064—2007）、《水电工程建设征地处理范围界定规范》（DL/T 5376—2007）、《水电工程建设征地实物指标调查规范》（DL/T 5377—2007）、《水电工程农村移民安置规划设计规范》（DL/T 5378—2007）、《水电工程移民专业项目规划设计规范》（DL/T 5379—2007）、《水电工程移民安置城镇迁建规划设计规范》（DL/T 5380—2007）、《水电工程水库库底清理设计规范》（DL/T 5381—2007）、《水电工程建设征地移民安置补偿费用概（估）算编制规范》（DL/T 5382—2007）

等 8 项规范。

（2）2013—2017 年，国家能源主管部门发布的《水电工程建设征地移民安置验收规程》（NB/T 35013—2013）、《水电工程建设征地移民安置综合监理规范》（NB/T 35038—2014）、《水电工程建设征地移民安置规划大纲编制规程》（NB/T 35069—2015）、《水电工程建设征地移民安置规划报告编制规程》（NB/T 35070—2015）、《水电工程移民安置独立评估规范》（NB/T 35096—2017）共 5 项规范。

这些行业技术标准对于规范水电移民安置的各阶段技术工作、落实和细化《移民条例》的规定、维护水电工程移民的合法权益起到了重要的技术支撑作用。

2.2.2　省级政策法规

由于中国国土广袤，各区域之间气候条件、土地产值、农作物结构、房屋构型差异巨大，国家难以制定一个全国普遍适用的统一补偿标准，加之由于中国水电工程建设征地移民安置工作由省级政府统一领导，因此在执行国家层面的法律、行政法规和规章的基础上，为增加实施操作性，各地均根据当地水电工程建设征地移民安置实际情况在省级层面制定了不同的地方政策法规。

省级政策法规主要包括三类：第一类是由省级政府研究制定的政策文件，主要包括对国家层面法规的补充细化政策、促进移民置的实施政策、相关的移民工作管理办法等，如有关省（自治区、直辖市）先后制定出台了本地实施《中华人民共和国土地管理法》办法以及林地管理办法和实施《大中型水利水电工程建设征地补偿和移民安置条例》细则；第二类是省级移民管理机构根据授权出台的移民专用法规和管理办法，如云南省移民开发局出台的《溪洛渡水电站云南库区移民安置实施意见》、移民安置验收管理办法等；第三类是国土、林业等管理部门出台的与移民安置相关的政策文件，如云南、贵州等省份国土厅公布的征地统一年产值标准和征地区片综合地价补偿标准等。

2.2.3　市、县级政策法规

中国水电工程建设征地移民安置工作由县级政府负责实施，因此市、县级政策法规是根据地方移民工作实际情况对国家和省级移民政策的进一步细化和落实，侧重于操作。如为了做好向家坝水电站移民搬迁安置工作，云南省昭通市绥江县政府制定了《向家坝水电站云南库区绥江县移民安置

《实施细则》，上报昭通市政府同意后实施。

地方性法规是对国家法规的有效补充和细化，对促进建设征地移民安置工作发挥了积极的作用。

2.3 分阶段管理

移民工作从阶段上划分主要包括规划设计阶段、移民安置实施阶段、后期扶持阶段。移民政策法规也分别对前期工作阶段、移民安置实施阶段和后期扶持阶段的管理进行了系统的规定。近年来，在水电行业技术标准方面还开展了覆盖工程建设全生命周期的建设征地移民安置技术标准的进一步细化和研究工作。

2.3.1 《大中型水利水电工程建设征地补偿和移民安置条例》

作为综合性的移民政策法规，《大中型水利水电工程建设征地补偿和移民安置条例》对各个阶段的建设征地补偿和移民安置工作都有明确的规定，涵盖了移民安置规划、征地补偿和移民安置实施、后期扶持、法律责任等方面。

在移民安置规划阶段，强调了必须编制移民安置规划大纲和移民安置规划，并按照审批权限报省、自治区、直辖市人民政府或者国务院移民管理机构审批、审核。编制移民安置规划大纲和移民安置规划应当广泛听取移民和移民安置区居民的意见，必要时，应当采取听证的方式。经批准的移民安置规划大纲和移民安置规划，应当严格执行，不得随意调整或者修改；确需调整或者修改的，应当报原批准机关批准。

在征地补偿和移民安置实施阶段，强调了大中型水利水电工程建设征收耕地的，土地补偿费和安置补助费之和为该耕地被征收前三年平均年产值的 16 倍。土地补偿费和安置补助费不能使需要安置的移民保持原有生活水平、需要提高标准的，由项目法人或者项目主管部门报项目审批或者核准部门批准。移民区和移民安置区县级以上地方人民政府负责移民安置规划的组织实施。移民安置达到阶段性目标和移民安置工作完毕后，省、自治区、直辖市人民政府或者国务院移民管理机构应当组织有关单位进行验收；移民安置未经验收或者验收不合格的，不得对大中型水利水电工程进行阶段性验收和竣工验收。

在后期扶持阶段，强调水库移民安置区县级以上地方人民政府应当采取建立责任制等有效措施，做好后期扶持规划的落实工作。水库移民后期扶持资金应当按照水库移民后期扶持规划，主要作为生产生活补助发放给移民个人；必要时可以实行项目扶持，用于解决移民村生产生活中存在的突出问题，或者采取生产生活补助和项目扶持相结合的方式。具体扶持标准、期限和资金的筹集、使用管理依照国务院有关规定执行。

2.3.2 行业技术标准

中国水电工程建设在设计阶段的划分上分为预可行性研究报告阶段、可行性研究报告阶段、招标设计阶段、施工详图阶段。建设征地和移民安置规划设计划分为预可行性研究报告阶段、可行研究报告阶段和移民安置实施阶段。自 1984 年开始，中国就开始制定建设征地和移民安置规划设计的相关配套规范，这些不同时期的规范均明确了各个阶段的规划设计工作要求和技术标准。

目前，中国正在根据 2017 年颁布的《水电行业技术标准体系表（2017年版）》，按照覆盖工程建设全生命周期的理念开展水电工程建设征地移民安置技术标准的进一步细化和研究工作，计划分别在通用及基础标准、规划及设计、建造调试及验收、运行维护、退役各阶段共设置技术标准 28 项。这些标准中正在施行的有 7 项，虽有效但已下达修订计划的有 7 项，已下达制订计划正在开展制定工作的有 10 项，拟增编 4 项。

2.4 移民政策特点

2.4.1 移民安置政策具有范围的广泛性

水电移民是一项涉及政治、经济、社会、文化以及环境等多方面的复杂工作，牵扯着方方面面的不同利益主体，因此水电移民政策标准也必然涉及社会生活中不同层次、不同行业的利益关系，例如中央政府与地方政府的关系，地方政府与项目法人的关系，中央政府与项目法人的关系，中央政府、地方政府以及项目法人与移民之间的关系等，关系网络十分复杂。除此之外，水电工程建设还可能涉及与交通、电力、通信、文物以及环境等不同行业的沟通、协调与合作，水电移民政策标准的制定还考虑了与这些不同行业政策的衔接和协调。因此，水电移民政策和标准具有范围的广泛性。

2.4.2 移民安置政策具有内容的专业性

大中型水电项目的建设可能涉及大量的移民搬迁，大范围的土地征（占）用，大量的库区交通、电信、电力等专业项目和教育、文化、卫生等公共设施建设，这些都需要制定专项的法规、政策和技术标准来保证实施。因此，水电工程征地补偿、移民安置政策具有较强的专业性和特殊性。与此同时，后期扶持政策也是水利水电建设区别于其他建设征地项目的显著标志，这也是中国的水电移民政策区别于其他国家的移民政策的特有之处。因此，水电移民政策和标准的内容具有很强的专业性。

2.4.3 移民安置政策具有发展的动态性

制定政策的目的就是能够很好地规范与解决工作过程中存在的问题，这就必然要求政策必须与时俱进，不断地改进，以符合实际发展的要求。水电移民政策也不例外，水利水电工程建设是一项时间跨度较长的工作，政策不仅具有很强的延续性而且还具有明显的动态性。自新中国成立以来，中国经历了不同的历史发展阶段与经济管理体制，在不同的发展阶段国家的经济实力不同，移民安置方式、补偿标准和要求也发生了相应的变化，具有明显的阶段性特征。在过去很长一段时间内，中国的生产力水平较低，为了集中全国力量搞社会主义建设，在传统的农业国基础上实现向工业国的转变就要求农业哺育工业，那时的移民补偿标准较低，有些甚至是强制的行政命令。而随着中国工业化水平不断提高，经济水平不断发展，国家整体经济实力有了质的提高，国家提出了构建社会主义和谐社会的理念，统筹城乡发展，注重社会公平，要求工业反哺农业，这时的移民政策有了较大的调整，移民的安置补偿标准逐渐提高。由此也可以看出，中国的水电移民政策和标准具有明显的动态性。

中国的水电移民政策具有这些鲜明的特点，然而这些特点的形成不是一蹴而就的，而是经历了数十年的探索和实践后逐步发展、总结而成的。

3

移 民 技 术 管 控

　　随着中国水电工程建设的不断推进和移民安置规模的不断扩大，水电工程移民安置的相关技术标准也日趋完善，目前已形成了水电工程移民安置全过程、全要素和全流程的技术体系文件，有效地保障了水电工程移民安置的技术质量和移民安置规划目标的实现。

　　目前，中国水电工程项目生命周期分为规划与设计、建造与验收、运行维护和退役四个阶段。规划设计工作贯穿于全生命周期，不同的阶段有不同的工作内容和深度要求。按照现行规定，水电工程的设计工作划分为预可行性研究报告、可行性研究报告、招标设计和施工图设计4个阶段。结合移民安置工作特点，与之对应，将水电移民安置工作周期划分为规划与设计、安置实施、后续发展和退役处理四个阶段。设计工作划分为预可行性研究报告、可行性研究报告、移民安置实施和后续发展4个阶段。

　　水电工程移民安置规划设计在不同设计阶段有不同的目的和要求：预可行性研究阶段规划设计的主要目的是为水电工程规模的论证，从建设征地移民安置的难度、控制性和制约性因素、经济合理性、技术可行性提出意见；可行性研究阶段是移民安置规划设计的主要阶段，主要目的是为工程技术经济论证提供依据，为移民安置实施提供基本依据，规划设计成果要履行严格的技术审查和行政审批程序，审批的规划设计成果要严格执行，不得随意调整和修改；移民安置实施阶段的规划设计主要是对前阶段设计成果的进一步细化设计和变更设计，确需对上阶段的规划设计成果进行调整和修改的要重新报批；后续发展阶段的规划设计主要是结合移民安置结果，编制移民安置后期扶持规划，作为开展扶持实施的依据。

　　水电工程移民安置的技术控制主要是通过对不同阶段规划设计成果的

要素控制、流程控制来实现。规划设计技术要素主要有建设征地范围拟定、实物指标调查、移民生产安置、移民搬迁安置、专业项目处理、移民安置补偿费用编制、移民安置公众参与等；流程管理主要是指对各技术要素确定和阶段性的技术成果、需要履行的相关确认程序要求。

3.1　要素控制

3.1.1　建设征地处理范围

工程建设需要占用土地，不同行业在《中华人民共和国土地管理法》的框架下有相应的处理政策，往往在处理方式上、处理标准上有所不同。由于水电工程建设用地涉及面广、用地集中且规模较大，对占地区的经济社会产生巨大影响，因此，针对水电工程建设用地，中国制定了专门的政策规定，不仅要对占用土地依法进行补偿，还要对占用土地影响涉及对象进行统筹安排（即进行移民安置）。

从狭义上讲，水电工程建设占地包括枢纽工程建设区（包括枢纽工程占地区、枢纽工程施工用地区、工程管理用地区）占地，水库淹没区（包括水库正常蓄水位以下的区域和水库正常蓄水位以上受洪水回水、风浪和船行波、冰塞壅水等影响的临时淹没区域），以及水库影响区（包括水库蓄水引发的滑坡、塌岸、浸没、孤岛区域和库周岩溶内涝、水库渗漏、工程引水减水河段导致的引水困难等区域）。从广义上讲，工程建设占地还包括移民安置需占用的地区（包括农村居民点、城市集镇、专业项目、企事业单位迁建新址占地区和农村移民生计恢复需要的生产用地区）。

按照土地管理的相关政策要求，水电工程建设直接占用土地作为电站项目固定资产的组成部分由项目业主管理使用，并办理用地手续获得用地权证，征地补偿采用水电工程征地政策。移民安置用地由地方政府和有关单位管理，移民安置用地区的征地一般执行涉及项目相关行业政策，但由于水电工程建设占地涉及城市集镇、专业项目等新址建设用地规模一般也比较大，占地涉及的移民是否采用水电工程用地的征地政策，由各省级人民政府确定。

结合以上政策要求和管理特点，中国水电移民相关技术规范明确，水电工程建设征地处理范围一般包括水库淹没影响区和枢纽工程建设区两部分；因城市集镇新址、农村居民点新址和移民专项工程占地，作为其项目本身的建设征地范围考虑，执行国家和有关省级人民政府以及相关行业标准的规定，一般不计入水电工程的建设征地处理范围。建设征地处理范围要通过水文泥沙、库岸失稳、施工布置、征地移民对当地社会、经济和生态环境的影响等各方面分析并编制《坝址比选专题报告》《正常蓄水位选择专题报告》《施工总布置规划专题报告》和《水库影响区范围界定工程地质专题报告》等技术报告并经评审通过后，作为界定工程建设用地处理范围的基本依据。建设用地处理范围针对不同对象类型而不同，其界限的形式分为土地淹没线、居民搬迁线、专项项目处理线等，在现场用设置界桩标识体现。

　　建设征地处理范围界限是移民安置规划设计控制的重要环节，是后续开展实物指标调查、拟定移民安置任务、办理用地手续的依据，建设征地处理范围界定的主要技术工作包括水库淹没区范围界定、水库影响区范围界定、枢纽工程建设区范围界定和建设征地范围界线确定。

3.1.1.1　水库淹没区范围界定

　　水库淹没区包括水库正常蓄水位以下的区域，水库正常蓄水位以上受水库洪水回水、风浪和船行波、冰塞壅水等临时淹没的区域。

　　水库淹没区范围界定的技术要点包括坝址和正常蓄水位的比选、重要敏感对象的界定、设计洪水标准的确定、回水和安全超高的计算、回水终点位置的确定、征地处理线的拟定。

　　1. 坝址和正常蓄水位方案比选

　　坝址选择和正常蓄水位选择论证，主要从坝址地形条件及水工枢纽布置、水库淹没、环境影响、与上游梯级的衔接、水能资源利用、动能经济指标等方面综合考虑进行拟定比选方案，并论证确定推荐方案。在回水计算和安全超高计算的基础上确定各比选方案淹没处理范围。根据现行规程规范的要求，在坝址和正常蓄水位方案比选过程中，移民安置技术控制的任务主要是分析主要淹没影响对象的特点和影响程度，提出移民安置规划方案，估算征地补偿费用，从移民安置可行性、经济性和控制因素要求的角度提出坝址和正常蓄水位比选意见，为工程的方案拟定提供依据。

　　2. 重要敏感对象的鉴定

　　重要敏感对象是水电工程建设方案论证的重要控制性因素，处理不当可能导致工程方案发生颠覆性变化。为合理确定水电工程建设规模，减少淹没损失，提高工程经济效益，尽量降低工程建设对当地社会、经济发展的影响，通过查阅相关资料、征求地方人民政府及行业主管部门意见等方式分析建设征地区内重要敏感对象分布位置、重要程度、受影响程度、处理难度等，合理识别界定工程建设区重要敏感对象，通过技术、经济比较，综合分析提出重要敏感对象处理方案，估算处理费用，为工程建设规模及方案论证提供支撑。经分析论证，对建设征地区社会、经济、文化发展有重要意义，在建设征地区具有不可替代性、不能受水电工程征（占）地影响的处理对象或处理难度大、费用高的影响对象，通过调整开发方式、调整工程布置方案、降低正常蓄水位或采取工程措施等方式进行合理避让，以确保工程建设的顺利推进。

3. 设计洪水标准的确定

水库洪水回水是指由于工程建设水坝后，导致河道行洪不畅造成库区水位较天然状况下时段性壅高的现象。水库淹没处理设计洪水标准是水库正常蓄水位以上，受水库洪水回水临时淹没处理范围确定的重要依据。水电工程库区淹没洪水标准因处理对象不同而不同。一般是在国家规定的不同淹没处理对象的防洪标准范围内，根据各个淹没对象的重要性、耐淹程度，结合水库调节性能及运用方式，在安全、经济和考虑其原有防洪标准的情况下，在水电工程规定的淹没洪水设计标准范围内分析确定。淹没洪水设计标准以洪水重现期（如 20 年一遇洪水、50 年一遇洪水）或洪水频率（如 5%、2%）表示。淹没处理设计洪水标准的确定关系到水电工程的经济、技术、风险和安全：如果淹没处理设计洪水标准定得过高，就会增加淹没处理范围和实物指标，增大移民安置难度，增加投资；如果淹没处理设计洪水标准定得过低，就增大了土地、居民点、城市集镇、专业项目等对象淹没的风险，降低了各处理对象的安全标准。例如林地耐淹性高于耕园地，耕园地的淹没处理设计洪水标准比林地的淹没处理设计洪水标准高，根据规范要求，耕地取 2 年一遇至 5 年一遇洪水标准，林地按照正常蓄水位确定。铁路、公路、电力、电信、水利设施、文物古迹等专业项目淹没对象，其设计洪水标准根据其规模等级和重要程度按各行业技术标准规定的范围内合理确定。

4. 洪水回水水位和安全超高的确定

水库洪水水位线根据确定的淹没处理对象的设计洪水标准，按同一频率的分期洪水回水水位组成外包线的沿程回水高程确定。安全超高是指水库正常蓄水位以上预留的淹没处理安全值，主要体现于回水影响不显著的坝前段，回水水位未超过正常蓄水位加安全超高的地段，计算风浪爬高、船行波波浪爬高，取两者中的较大值作为水库安全超高值。

5. 回水终点位置的确定

水库洪水回水水位线与同频率天然水面线在坝前差值最大，离大坝距离越远，回水水位线与同频率天然水面线的差值越小，理论上讲，二者是一对渐近线。为了实际应用，需要确定水库洪水回水末端的设计终点位置，规范规定以设计洪水回水水面线与同频率天然洪水水面线差值为0.3m处的计算断面为水库回水末端断面，以水库回水末端断面的洪水水位水平延伸至与天然河道多年平均流量水面线相交处，作为回水终点位置。对于山区河谷区的水库，水库回水末端位置对水库淹没影响相对较小，但对于水库库尾涉及平原区的水库，末端位置的确定对淹没损失影响较大，在实际工作各利益相关方均比较关注。图3-1为某水电站水库淹没区居民迁移线高程范围示意图。

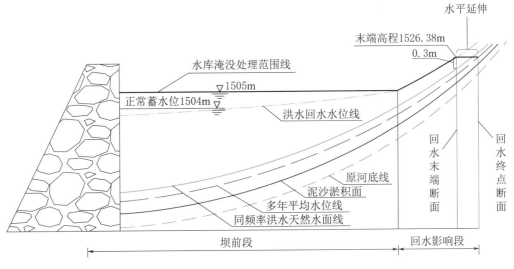

图3-1 某水电站水库淹没区居民迁移线高程范围示意图

6. 水库淹没线的确定

由于各类淹没处理对象的设计洪水标准不一，各类淹没处理对象的水库淹没线也是不同的，一般分为土地征用淹没线、居民迁移淹没线、城市集镇处理淹没线以及专业项目处理淹没线等。为了确保水库运行和涉及对象的安全，水库淹没线范围按水库正常蓄水位、安全超高、水库洪水回水水位等各范围的最高高程线（即外包线）确定，即：在水库末端断面之前，按正常蓄水位加安全超高值、水库洪水回水水位的较大值确定；末端断面之后，按末端断面的洪水水位确定。

3.1.1.2 水库影响区范围界定

水电站建成后，水库蓄水及运行过程中随着水位变化，水文地质情势的改变产生水库库岸不稳定和水库形成后引发库周居民生产、生活不便等区域称为水库影响区。水库影响区包括滑坡、塌岸、浸没区域和库区岩溶内涝、水库渗漏、孤岛、工程引水减水河段导致的引水困难等区域。水库影响区范围界定，主要是通过调查分析水库区的地质条件、地形地貌、地层岩性、地质构造、物理地质现象、水文地质等，对水库的主要工程地质问题及水库库岸再造、浸没、塌岸滑坡、岩溶、渗漏等影响进行评价，分析水库蓄水后对孤岛和工程引水的减水河段对生产、生活引水的影响，提出水库影响区及影响对象的处理范围。

水库影响区界定的技术要点包括影响区类型和范围的划定、影响区危害的识别和影响程度的判断、影响对象的区分和影响处理范围的确定。

1. 影响区类型和范围的划定

影响区类型和范围的划定是水库影响区界定的基础工作。以水库正常蓄水位和影响对象的设计洪水回水水位为基础，考虑水库不同运行水位、消落水位工况，选取预测水库水位，按相关技术标准的规定进行分析论证库岸稳定性，预测因水库蓄水引起滑坡、塌岸、浸没、水库渗漏、库水倒灌、滞洪等影响类型及各类型对应的地质影响范围。

2. 影响区危害的识别和影响程度的判断

影响区危害的识别和影响程度的判断是水库影响区界定的重要工作，应根据地质评价成果确定水库蓄水引起的滑坡、塌岸、浸没、水库渗漏、库水倒灌、滞洪影响区范围，减水河段和孤岛等其他影响区应根据水库淹没影响程度和采取的措施确定其范围。因为影响区范围内房屋、土地和其他建构筑物设施等对象的重要程度和安全设计设防标准不同，所以简单地将按地质类型影响范围作为影响征地移民处理范围是不尽合理的，需进一步识别影响区范围内各影响对象的危害以及进一步判断各影响对象的影响程度。

3. 影响对象的区分和影响处理范围的确定

影响对象的区分和影响处理范围的确定是水库影响区界定的关键工作。因为不同类型水库影响区的危害性及影响对象重要性不同，影响区范围内各影响对象适应库岸变形破坏能力也存在较大差异。为遵循"以人为本、经济、安全、充分利用资源、节约用地、少占耕地"的原则，根据影响区内受影响对象分类确定影响区处理范围。对受水库蓄水影响较小的对象，在确保安全的前提下尽量利用，水库运行过程中加强监测、巡视，后期根据影响区变形破坏情况和受影响程度进一步研究处理方案。

3.1.1.3 枢纽工程建设区范围界定

枢纽工程建设区包括枢纽工程建筑物及工程永久管理区，料场，渣场，施工企业，场内施工道路，以及工程建设管理区（主要为施工人员生活设施，包括工程施工需要的封闭管理区）等区域。枢纽工程建设区范围界定，本着因地制宜、因时制宜、有利生产、方便生活，易于管理、安全可靠、经济合理的总原则，尽量减少移民规模，降低移民安置难度，节约工程用地，参与论证施工方案的布置，针对施工总布置中主要影响对象，结合用地时序、影响程度分析，界定用地性质（永久和临时），通过分析比选得出经济合理的用地方案。

枢纽工程建设区范围界定技术要点包括施工总布置方案比选、施工用地性质确认。

1. 施工总布置方案比选

枢纽工程建设区范围包括枢纽工程建筑物、工程永久管理区、料场、渣场、施工企业、场内施工道路、工程建设管理区等区域，均需大量征占用土地。为节约用地、少占耕地，满足国家对用地的要求，减少工程建设征地对周边区域的影响，减少工程建设投资及实施难度，在枢纽工程规划布置时，既要在有限的条件下根据基础地质条件布设各施工场地，满足工程建设和运行需要，又要考虑建设征地带来的相关影响。因此，合理规划布置用地范围是枢纽工程建设区确定的重要关键技术。

2. 施工用地性质确认

枢纽工程建设区范围包括枢纽工程建筑物及工程永久管理区、料场、渣场、施工企业、场内施工道路、工程建设管理区等区域，根据施工总布置方案提供的施工用地范围图，落实各区块用地性质。根据实际用地效果，对工程建设永久使用的土地，作为永久用地范围，包括枢纽工程建筑物及工程永久管理区等区域；对工程临时使用但不能恢复原用途的土地划归永久用地范围；将工程建设临时使用且可以恢复原用途的土地划归临时用地范围，一般情况下，料场、渣场、施工企业、场内施工道路、工程建设管理区等区域作为工程建设临时用地。

3.1.1.4 建设征地处理范围界线确定

水电工程建设征地处理范围界线包括居民迁移线、土地征收线、城市集镇和专业项目处理线。建设征地处理范围界线的确定，根据水库淹没影响区和枢纽工程建设区用地范围综合分析确定。建设征地处理范围界线确定的原则是安全、经济、便于生产生活。建设征地范围界线确定的技术要点还包括界桩布置和现场界桩测设。

界桩布置是指为了实地标识居民迁移线、土地征收线、城市集镇和专业项目处理线，以便于开展实物调查、土地征收、居民搬迁、库底清理、工程建设管理等工作。特别是在可行性研究阶段，为了配合《禁止在工程占地和淹没区新增建设项目和迁入人口的通告》（简称"停建通告"）的下达，更加准确地告知公众建设征地的范围界限，在实物指标调查开始前还需开展现场界桩测设工作，保证建设征地处理范围现场界限清晰和直观。

在水电工程不同设计阶段对范围的标识进行了规定，如可行性研究阶段进行实物指标调查前进行临时界桩测设，实施阶段需要对所有征地区埋设永久界桩。界桩测设工作主要包括在范围图上设计确定界桩位置（确定高程、坐标等）设计制作界桩、实地放线、现场埋设。

3.1.2 实物指标调查

实物指标是指建设征地处理调查范围内的人口、土地、建筑物、构筑物、其他附着物、矿产资源、文物古迹、具有社会人文性和民族习俗性的建筑物、场所等的数量、质量、权属和其他属性等指标。实物指标调查是全面准确查清实物对象的类别、数量、质量、权属和其他有关属性的重要手段。

实物指标调查范围包括建设征地处理范围和远迁移民在本集体经济组织范围内属于移民个人所有的房屋、附属建筑物、零星树木等。

实物指标调查成果是分析建设征地影响、确定移民安置规模、拟定移民安置规划方案及计算补偿费用的重要依据，是移民安置补偿兑付的基本依据。实物指标调查工作由项目业主会同建设征地区的地方人民政府组织，由设计单位技术负责，由地方政府和相关职能部门、项目业主、设计单位共同组成联合调查组，在实物的权属人参与下开展实物指标调查。在实物指标调查工作开展前，要由有关人民政府发布"停建通告"，并对实物指标调查工作做出安排；根据建设征地范围界定成果，设计和现场测设建设征地范围界线标识（界桩）。实物指标调查的主要工作环节包括实物指标调查细则编制、调查范围现场确认、调查工作组织、开展现场调查、实物指标公示及成果确认等。建设征地实物指标调查程序见图 3-2。

实物指标调查技术控制分为实物对象要素调查要遵循的技术标准和要求和调查工作需要遵守的工作要求。

3.1.2.1 实物对象要素调查控制

实物指标调查对象要素主要有指标的类别划分界定、资料收集、现场

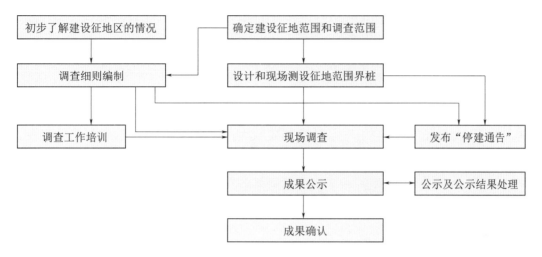

图 3 - 2　建设征地实物指标调查程序框图

调查、填写调查成果表和调查成果签字确认等。

1. 土地调查

土地调查的主要工作环节是测绘土地利用现状地类地形图、现场核实、量图计算确定各类土地面积和签字确认。根据土地管理行业的规定，划分土地地类，同时按林业和农业行业的规定将林地和耕地分别按性质和保护要求进一步划分类别，以满足补偿和保护的要求。土地调查要实测不小于1：2000比例尺的土地利用现状地类地形图或同等精度的航片、卫片等解译成果，在国土、林业、农业等部门和土地权属人的参与下，实地调查地类界线、行政分界、土地所有权界线。根据调查修正的土地利用现状地类地形图量图计算各类土地面积。调查成果由权属人代表、调查组成员、行业主管单位代表现场签字。集体土地调查划分到村民小组，国有土地调查落实到使用管理单位；根据现场调查情况，地类权属界的调查成果标绘在地类地形图上。

2. 人口调查

由于人口的流动性，且与安置和补偿息息相关，在实际工作中，计列范围的确定争议相对较大。人口计列范围以户籍和住房为基本依据进行界定，省级政府有规定的，按其规定界定。人口要逐户逐项进行现场调查，分为家庭户调查和家庭成员调查两个方面。针对家庭户的调查项目主要有户主姓名、住址、户别、家庭人口；针对家庭成员的调查项目主要有姓名、与户主的关系、性别、民族、出生日期、文化程度、从事职业、户口所在地、身份证号码等。调查要以户口本簿、住房等证明材料为依据进行现场核对，填写调查表，并由户主（或户主代表）和调查组成员现场签字。

3. 房屋调查

房屋调查的主要环节是确定房屋类别、统计丈量房屋建筑面积和调查成果签字确认。房屋的类别按结构、类型和用途进行划分。以房屋的产权证、土地使用证为依据现场逐户、逐栋（套）核实调查，统计房屋类别和建筑面积；无证明材料的进行现场判定类别和丈量建筑面积；填写调查表，并由产权人（或产权人代表）和调查组成员签字。

4. 附属建筑物调查

附属设施主要包括围墙、门楼、水井、地窖、地坪、厕（粪）坑、晒场（晒台）、挡护砌体、水池、饮水窖、炉灶、沼气池等。附属建筑物调查以户为单位，实地判别结构类型和实地丈量统计数量，并现场填写调查表，由户主、权属人代表、调查组成员签字。

5. 零星树木调查

零星树木是指林地、园地以外的零星分散生长的树木。零星树木的类别主要是以用途进行划分，为了满足补偿的需要，结合地方的相关规定，按品种和大小进一步细分；现场逐株调查统计种类和数量，填写调查表，并由权属人（或代表）和调查组成员签字。按规定纳入面积调查的不作为零星树木统计。

6. 专项设施调查

专项设施主要包括水利设施、交通运输工程、输变电工程、矿产资源、文物古迹等项目。

对于其中的水利设施、交通运输工程、输变电工程等工程建设项目，调查的主要环节为资料收集、现场调查、填写调查表和签字确认。调查的主要内容有等级、标准、结构材料、影响数量，功能和服务范围，征地影响程度等；向有关部门收集工程项目的设计、竣工验收等资料，并利用实测的土地利用现状地形图，结合现场察看核实，填写调查表，并由权属人（管理使用单位）和调查组成员签字。

对于矿产资源、文物古迹等项目，由具有资质的相关单位调查，矿产资源调查的主要内容有矿藏种类、品位、储量，以及建设征地对矿藏资源的影响等；文物古迹调查的主要内容有名称、地名、文物年代、埋藏深度、面积、规模、数量、保护级别等。调查成果取得主管部门的确认意见。

7. 企业单位调查

企业单位按照规模和行业进行归类，调查的主要内容有权属关系、类别，企业规模、员工、用地，房屋及附属（建）筑物、零星树木、基础设施、生产设施、设备、存货、生产经营状况，以及类型、数量，以产权证明、财务统计、税收凭证为依据，现场逐项核实调查，填写调查表，由企业法人签字盖章和调查组成员签字。

8. 行政事业单位调查

行政事业单位按照性质进行归类，分为营利性事业单位和非营利性事业单位两类。营利性事业单位的调查按企业单位的调查要求进行。非营利性事业单位的调查内容将生产经营状况改为服务状况调查。以产权证明、统计资料为依据，现场逐项核实和丈量统计，填写调查表，由单位签字盖章和调查组成员签字。

9. 农村基础设施、公共服务设施调查

农村基础设施主要包括供水设施、供电设施、道路等；公共服务设施主要包括文化教育、卫生设施等。农村基础设施调查的主要内容有项目名称、权属、占地面积、类别、等级（规格）、各类建筑物（构建物）和设施（设备）的结构、类型、用途、数量等。公共服务设施调查的主要内容有项目名称、性质及权属关系、占地面积、建筑物的结构类型、用途及数量、使用及管理单位、主要设施设备、规模和服务范围等。调查的主要环节是以设计、统计资料和测绘的土地利用现状图为依据，现场逐项核实，填写调查表，调查组成员签字。

10. 城市集镇基础设施调查

城市集镇基础设施调查内容主要为市政基础设施（供水、供电、电信、广播电视工程、公共交通等）和公共建筑设施（医疗卫生设施、文娱体育设施、文化教育科研设施等）规模、等级、容量、服务对象等，对外交通（铁路、公路、航空、水运等）等级、规模等。调查的主要环节是向有关部门收集资料，利用测绘的土地利用现状图，结合现场核实调查，填写调查表，调查组成员签字。

3.1.2.2 调查工作要求控制

1. 调查细则编制

为满足调查工作的需要，在调查工作开始前，编制实物指标调查细则并经有关部门确认后作为实物指标调查工作的指导性文件。实物指标调查工作细则需在初步了解建设征地范围、对象及特点和当地经济社会情况的基础上，以技术标准为基本依据，结合当地政府的移民安置管理的相关规定编制。调查细则的主要内容包括调查依据、调查内容、调查方法、计量标准、精度要求、实物指标调查范围、调查组织、进度计划安排、成果公示和确认等。

2. 调查组织

由于实物指标涉及面比较广，不同利益主体之间关系复杂，为了保证实物指标的透明性、公平性，成立调查联合工作组开展调查工作，以便在调查工作中相互见证，实现工作成果的准确性。实物指标调查组成员由地方人民政府及职能管理部门、项目法人、设计单位、权属人等组成。

实物指标调查前，以技术标准和确认的实物指标调查细则为依据，对联合工作组进行业务培训，以统一工作方法和技术标准。

3. 发布停建通告

按照相关法规的规定，开展实物指标调查要由有关人民政府发布"停建通告"，并对实物指标调查工作做出安排。

4. 实物指标公示和成果确认

为了确保移民群众的合法权益，保障实物指标调查的合法合规性和公正性，减少移民之间的攀比、抱怨，做到公正、公平，有力地保障移民的合法权益和维护项目法人的利益，经对调查成果整理后，按规定对实物指标成果进行公示，权属人对公示成果有异议的，提出申诉由调查组进行复核，难以达成一致意见的由地方政府进行裁定，最终的实物指标成果由地方人民政府签署意见。

3.1.3 生产恢复

水电工程建设将占用农村集体经济组织的农业生产用地，影响企事业单位和个体工商户的生产、经营、原料来源等。工程征地后需要对其产生的影响进行恢复或给予补偿。从广义上讲，生产恢复包括农村集体经济组织移民的生产恢复、企业单位和个体工商户的生产恢复。鉴于水电工程占用的农村集体经济组织的农用地相对较大、集中影响面广，同时涉及的农村集体经济组织居民的文化素质、劳动技能相对较低。自行解决出路难度较大，处理不好容易导致贫困，产生社会问题，为此对农村集体经济组织移民的生产恢复进行必要的扶持，提出恢复方案，以保障其生产生活水平，故规范规定的生产恢复是指农村移民的生产恢复。对于企业单位、个体工商户等能力相对较强的群体，对其损失给予补偿后由政府提供必要的条件下，由其自主恢复生产。

生产恢复就是围绕移民达到或超过原有生活水平，为被征地的农村集体经济组织的移民筹措生产资料、解决就业以保障其生产条件获得收入而开展的一系列活动。移民生产安置规划的具体内容包括生产安置任务确定、生产安置目标和标准制定、移民安置环境容量分析、移民安置方案拟定、生产安置规划设计、生产安置投资确定、移民生产水平评价预测分析等。

3.1.3.1 生产安置任务确定

水电移民生产安置任务主要以生产安置人口规模形式体现。生产安置人口是指水电工程土地征收线内因原有土地资源丧失，或其他原因造成土地征收线外原有土地资源不能使用，需重新配置土地资源或解决生存出路的农村移民安置人口。生产安置人口数量以其主要农业收入来源受水电工程建设征地影响的程度为依据计算确定：以耕地为主要农业收入来源的，按照被征收的耕地数量除以征地前被征地单位平均每人占有耕地的数量计算，计算中考虑耕地的质量；以其他土地为主要收入来源的，参照耕地的计算方法分析计算。

3.1.3.2 生产安置目标和标准制定

水电工程移民实行开发性移民方针，采取前期补偿、补助与后期扶持相结合的办法，使移民生活达到或者超过原有水平，遵循以人为本的原则，保障移民的合法权益，满足移民生存与发展的需求。

生产安置目标本着移民安置后其生产水平达到或超过原有水平的原则制定，一般采用人均纯收入反映。鉴于经济社会不断发展，而水电工程建设周期又相对较长，因此，水电工程移民生产安置目标要根据移民原有水平及收入构成，结合安置区的资源情况及其开发条件和经济社会发展规划，预测至规划设计水平年。由此可见，移民生产安置目标值是一个考虑无水电项目征地影响情况下其应有水平的预测值。同时，由于水电项目征地影响区多数经济水平相对落后，生产安置目标的拟定还要不低于所处省区规定的下限值，如不低于安置区贫困线水平或当地农民平均收入水平等。

生产安置标准以实现规划目标为基本要求，结合安置区的生产资料、资源条件，社会发展水平合理确定。生产安置标准一般采用人均耕地和其他生产资料配置标准等指标反映。

生产安置目标的实现手段一般是进行土地调整、土地整理，优化种植结构，使移民拥有与移民安置区居民基本相当的土地等农业生产资料，具备恢复原有生产生活水平必要的农业生产条件；或者通过发展第二、第三产业，解决移民劳动力就业，使其获得被征用土地产出相当收益等。

3.1.3.3 移民安置环境容量分析

移民安置环境容量分析是制定农村移民安置方案的基础，安置区的资源环境人口承载容量要大于移民安置规模才能保证移民的可持续发展，满足其生存和发展需要。移民安置环境容量分析采取定性和定量相结合的方式，由近及远、由本行政区至上一级行政区逐步扩大的方法进行分析。定性分析主要是指初选安置区和安置方式的适宜性分析，主要考虑自然资源和社会环境等因素，如土地资源、气候条件、移民和安置区居民意愿、经济发展水平、生产关系、生产生活习惯、基础设施、宗教信仰、生产水平、民族习俗等。定量分析是指确定初选的安置区可能安置的移民的数量，应分析确定影响移民安置的主要因素和敏感因素，建立环境容量分析指标体系进行综合的分析测算，确定可能安置移民的容量值。定量分析应考虑资源、经济、人口等指标的动态变化和移民的可持续发展以及对移民安置涉及区域资源和经济的影响等。

3.1.3.4 生产安置方案拟定

生产安置方案拟定是移民生产安置规划的核心工作，生产安置方案拟定工作主要包括在环境容量分析和充分征求移民意愿的基础上拟定移民生产安置方案。

移民生产安置方案包括移民安置控制条件分析、移民安置去向与方式选择、资源配置、生产措施拟定、基础设施配置、规划投资计算等内容。移民生产安置方案应从技术可行性、实施可操作性、经济合理性等方面进行比较，提出推荐方案。

3.1.3.5 生产安置规划设计

生产安置规划设计是对农村移民生产安置项目和相应配套的基础设施工程进行规划设计。移民生产安置项目包括农业安置，第二、第三产业安置，以及其他途径的安置。

农业安置规划设计包括土地资源筹措、土地开发与整理设计。对于集中成片的土地开发项目，应包括安置区土地利用现状调查、种植模式规划、土地利用总体规划、配套基础设施规划等；对于调整土地安置移民的项目，应包括安置区土地利用现状调查、产业结构规划、土地利用规划、配套基础设施规划等。农村移民安置用地要依照相关规定办理有关用地手续。

第二、第三产业安置规划设计应对资源条件、技术水平和市场需求进行分析研究，并注重产业发展的持续性和稳定性。

3.1.3.6 生产安置投资确定

生产安置规划投资要根据国家和省、自治区、直辖市的有关规定，按照土地配置数量和土地调整价格、移民安置工程规划设计工程量和确定的价格水平年价格水平编制，规划投资要与征收土地的土地补偿费和安置补助费进行平衡分析，投资平衡不足部分予以增补。

3.1.3.7 移民生产水平评价预测分析

移民达到或超过原有生产水平是衡量移民得到妥善安置的主要衡量标准之一。生产水平评价预测要根据国民经济统计资料和移民区、安置区经济发展情况，在对移民生产现状进行分析的基础上，结合移民安置生产规划方案进行预测分析评价。移民生产水平评价指标与规划目标和标准一致，一般选取人均年纯收入、人均耕地、人均种植业收入等指标。预测分析移民安置后的主要生产资料构成及主要收入来源及数量，通过移民安置前后生产水平前后对比分析，得出是否达到或超过原有生产水平的评价结论。

3.1.4 搬迁安置

搬迁安置是指通过分析确定搬迁安置人口，分析移民安置途径，拟定移民安置规划目标和安置标准，通过开展集中安置居民点的选址、确定移民搬迁安置方案并开展居民点的规划设计工作，实现移民搬迁安置区社会、经济、环境和谐同步发展。搬迁安置规划的主要内容是移民搬迁安置人口确定、规划目标及安置标准拟定、集中安置居民点选址、搬迁安置方案拟定、居民点规划设计及搬迁安置规划投资计算等。

3.1.4.1 搬迁安置人口确定

搬迁安置人口包括居住在建设征地范围内的人口和居民在建设征地范围外因生产安置或其他原因造成原有房屋不方便居住，需重新建房或解决居住条件的人口。居住在建设征地范围内的人口以实物指标调查成果为依据确定，居住在建设征地范围外的人口根据移民安置方案分析确定，同时考虑人口的增长量。

3.1.4.2 搬迁规划目标与安置标准拟定

规划目标是指移民搬迁安置预期达到的生活环境水平。规划目标应本着移民安置后使其生活水平达到或超过原有水平的原则，根据移民原居住地的现状水平，结合安置区的资源情况及其开发条件和当地居民的现状情况、考虑安置地的经济社会发展规划，预测至规划设计水平年的发展水平分析拟定。

安置标准要以原居住地现状水平为依据，以达到规划目标的要求为目的并符合相关的法律法规和技术标准要求综合分析确定，一般采用建设用地、供水、用电、道路等基础设施和文化、教育、卫生等公共服务设施的建设标准等作为分析指标。

3.1.4.3　移民集中安置居民点选址

移民集中安置居民点选址坚持保障安全、有利生产、方便生活、保护环境、节约用地、尊重民族风俗的原则，保持与生产安置规划紧密结合，同时与城镇体系规划相衔接，形成区域良好的总体规划布局。

在移民集中安置居民点选址过程中应充分考虑移民的意愿与需求，并征求安置区居民意见，从照顾移民的生产、生活和风俗习惯等方面出发，结合移民生产安置规划成果、区域地形地质条件，综合考虑交通、供水、供电、发展空间等情况，确定移民居民点新址位置比选方案，对新址进行多方案比较后最终确定。

移民集中安置居民点新址需开展必要的地形测绘、地质灾害评估，对水源水量、水质、引水条件等进行调查工作，同时应当依法做好环境影响评价、水文地质与工程地质勘察、地质灾害防治和地质灾害危险性评估，避免布设在滑坡、浸没、塌岸等存在地质问题的地段和避开洪水影响区；在库边后靠安置的移民居民点要布设在居民迁移线以上的安全地区。

3.1.4.4　移民搬迁安置方案拟定

通过对安置区环境容量分析，充分征求移民意愿，尊重少数民族的生产、生活方式和风俗习惯，同时考虑安全、环保、地区的发展规划等因素，并经技术经济分析综合拟定搬迁安置方案。

3.1.4.5　居民点规划设计

农村移民居民点按照新农村建设标准布局。居民点规划设计是指对居民点开展详细规划和对配套基础设施项目进行设计。集中安置居民点配套基础设施项目设计包括场地平整、道路、供水、排水、供电、能源、文化、教育、卫生、电信、广播电视、环保和防灾等项目规划布置和工程设计。在开展居民点详细规划的过程中，应广泛征求移民和安置区居民意见和地方人民政府的意见，尊重移民的生产、生活方式和风俗习惯，要充分考虑方案的实用性、宜居性、合理性、经济性等因素。

3.1.4.6　搬迁安置规划投资

为了保障移民安置方案和移民搬迁的顺利实施，需要合理足额地计列移民搬迁方案以及移民搬迁过程中所需要的相关费用。搬迁安置规划投资主要包括人口搬迁、物资搬迁、新址建设征地、场平工程、配套基础设施、新增临时工程及增列的公共建筑、环保、防灾设施等和移民搬迁至新址所需的费用。

人口搬迁费包括移民搬迁过程中所需的交通费、保险、途中食宿、医疗补助、误工补助、建房期补助等项目费用。根据搬迁安置方式，依据相关规定，结合典型调查分析，按确定的搬迁安置人口和相应的补偿费用单价计算。

物资搬迁费指移民个人、集体所有的、物资搬迁费，通过典型调查搬迁移民个人、集体的搬迁物资数量，结合搬迁工具、运输条件等，计算搬迁物资装卸、运输及损失、保管等费用。

新址建设征地费是指移民集中居民点新址确定后，根据集中安置居民点新址征地实物量，按照建设征地及移民安置补偿项目采用确定的补偿标准，计算占用土地房屋及附属设施、零星果树和新址居民的搬迁费等。

配套基础设施费用包括场地平整、道路、供水、供电、环保、防灾等基础设施建筑费，根据具体的居民点规划设计工程量，结合各省（自治区、直辖市）工程概算定额编制。

3.1.4.7 移民生活水平评价预测分析

移民达到或超过原有生活水平是衡量移民得到妥善安置的另一个主要衡量标准。生活水平评价预测要根据经济社会发展规划和移民区、安置区具体情况，在对移民生活现状进行分析的基础上，结合搬迁安置规划设计成果进行预测分析评价。生活水平预测一般选取人均住房面积、房屋建筑质量、人均用水、人均用电、街道硬化、文教卫设施等与搬迁安置前的原居住条件进行对比，分析移民搬迁后的居住条件是否达到或超过原有水平。

3.1.5 专业项目

在水电工程移民安置规划中，一般将区别于农村和城市集镇范围的相对独立的淹没处理项目归入水电工程移民专业处理项目（简称专业项目），包括铁路、公路、水运、电力、电信、广播电视、水利水电设施及企业单位、事业单位、文物古迹、矿产资源和其他项目等。由于专业项目的处理对建设占地和移民安置区生产生活恢复和当地区域经济社会发展关联性较大，同时专业项目的处理投资也相对较大，涉及水电工程的经济性和可行性，地方政府、项目业主和移民均高度关注，为处理好各方的利益诉求，提出了按照"原规模、原标准、恢复原功能"的原则,结合当地的相关发展规划,并满足相应的工程建设标准,既要尊重现状,又要兼顾发展的思路提出专业项目的处理方案,以平衡协调各方的需求。移民专业项目的主要任务是提出处理方式、确定规模和标准、开展勘测设计、计算投资、编制规划设计文件。

3.1.5.1 影响调查分析

对于水电工程建设征地影响的移民专业项目,首先应开展受影响情况调查,摸清专项的基本情况,主要内容包括项目概况、项目的现状、范围、规模、项目受淹没影响的程度等。其次,针对不同的专项受影响的情况,开展相应的功能分析,主要包括专业项目在其整体体系中的作用、地位等,专业项目受影响后对当地居民生产生活的影响,对当地经济社会的主要功能可能产生的不利作用,以及与周围其他项目的衔接协调作用等。

3.1.5.2 规划标准确定

移民安置建设项目和拟复建的专业项目按照"原规模、原标准、恢复原功能"的原则进行规划建设,对原标准、原规模低于国家规定范围下限的,按国家规定范围的下限建设;对原标准、原规模高于国家规定范围的上限的,按国家规定范围的上限建设;对原标准、原规模在国家规定范围内的,按照原标准、原规模建设。不需要或难以恢复的专业项目,根据其受影响的实际情况和现状,予以合理的经济补偿。地方有发展规划的,采用地方发展规划确定的标准建设,但扩大规模和提高标准所增加的投资需要考虑分摊。

3.1.5.3 规划方案拟定

水电工程建设征地影响的移民专业项目方案的拟定,需要征求地方政府和有关行业主管部门的意见,要与当地国民经济和社会发展规划相衔接,与地方行业规划相协调,兼顾地方长远发展;要注重与不同专业项目之间的规划衔接和区域的协调;要与移民安置区的整体规划布局对接,结合原有专业项目和移民安置区专业项目现状水平,按照有利生产、方便生活、经济合理的原则,满足移民安置需要。

3.1.5.4 规划设计开展

按照拟定的方案,依据相关行业的规程规范要求开展设计工作,达到相应的设计深度要求。对重要的项目要编制专题设计报告,其中文物古迹和矿产压覆分别由有资质的单位进行调查,并对影响对象提出处理措施和相关费用，提交相关技术报告，同时由行政主管部门提出意见。

3.1.6 补偿费用

建设征地移民安置补偿费用是根据国家现行建设征地移民安置政策、技术经济政策、实物指标调查成果、移民安置规划设计文件，以及建设征地和移民安置所在地区建设条件编制的，以货币表现的建设征地移民安置费用额度。建设征地移民安置补偿费用是开展水电项目资金筹措、编制移民安置实施资金计划、实施补偿费用兑付、进行移民工程项目投资控制和开展移民安置验收资金核算等各项工作的依据。

补偿费用编制的主要内容是补偿费用项目、费用计算实物量和工程量确定，补偿费用单价分析，补偿费用编制。

3.1.6.1 补偿费用项目确定

建设征地移民安置补偿费用按照费用项目的性质分为补偿补助费用、工程建设费用、独立费用、预备费等4项，见图3-3。

```
                          ┌ 补偿补助费用
                          │ 工程建设费用
                          │              ┌ 项目建设管理费
建设征地移民安置补偿费用 ┤ 独立费用 ┤ 科研和综合设计（综合设计代表）费
                          │              └ 其他税费
                          │          ┌ 基本预备费
                          └ 预备费 ┤ 价差预备费
```

图3-3　建设征地移民安置补偿费用构成图

由于水电工程征地涉及对象范围广，管理主体、管理层级较多，为便于补偿费用的使用管理，在费用计算中将补偿补助费用和工程建设费用两项费用，按农村部分、城市集镇部分、专业项目处理、库底清理、环境保护和水土保持进一步归类。为此建设征地移民安置补偿费用由农村部分补偿费用、城市集镇部分补偿费用、专业项目处理补偿费用、库底清理费用、环境保护和水土保持费用、独立费用和预备费等七项组成。

农村部分补偿费用包括土地的征收和征用、搬迁补助、附着物拆迁处理、青苗和林木的处理、基础设施恢复和其他等项目。城市集镇部分相关项目划分内容及方法与农村部分类似。专业项目处理部分补偿费用按项目的类别进一步划分。库底清理费用包括建筑物清理、卫生清理、林木清理和其他清理等项目。环境保护和水土保持费用包括水环境保护、陆生动植物保护、生活垃圾处理、人群健康防护、环境监测、水土保持、水土保持监测、其他等项目。独立费用包括项目建设管理费、移民安置实施阶段科研和综合设计费、其他税费等。预备费包括基本预备费和价差预备费。

3.1.6.2 费用计算实物量和工程量确定

费用计算实物量是用来测算水电工程建设征地移民安置补偿补助费用的计算基础，其与实物指标调查的实物量成果有所差别。与补偿补助费用有关的项目主要包括土地、搬迁安置人口、房屋及附属建筑物、零星树木等，其中土地补偿费用计算实物量采用建设征地处理范围内的实物指标调查的现状实物量；搬迁安置人口采用按人口增长率推测至规划设计水平年的数量；房屋及附属建筑物、零星树木等的计算实物量采用按一定的增长率推算到设计水平年的数量，一般情况下增长率采用值与人口增长率值相同。农村移民居民点新建基础设施、迁建城市集镇新址基础设施、改（复）建专业项目等项目费用计算工程量，采用相应项目设计工程量。对于不恢复而需要补偿的工程项目的费用计算工程量，采用实物指标调查现状实物量。

3.1.6.3 补偿费用单价分析

补偿费用单价分析的目的是确定价格水平年补偿补助项目的价格和工程建设项目的价格。价格分析的主要内容包括确定价格水平，收集价格资料，进行基础单价分析，确定补偿补助项目和工程项目单价。

价格水平是计算和编制工程造价的重要工作基础和影响因素，建设征地移民安置补偿费用是水电工程建设费用的组成部分，其概算编制的价格水平与水电工程枢纽价格水平保持一致。

补偿费用项目主要有土地、房屋及附属建筑物、零星树木、设施设备、移民搬迁、工程建设项目、独立费、预备费等。

水电工程使用的土地属于国有建设用地，通过划拨方式取得。使用土地需支付征收成本费用，土地的补偿单价采用政府定价，不同类别土地的征地补偿费单价有不同的确定依据和确定方法，由各地方政府或有关行业主管部门确定，如耕地一般采用片区综合价或者采用被征收耕地前三年平均年产值的16倍计算，同时为使移民得到妥善安置，当征地补偿费用不足以安置移民的，要进行投资平衡，不足部分计列补助费，纳入水电工程投资概算。房屋及附属建筑物采用重置价，按现行行业规定的技术标准要求分析确定，对于农村移民，房屋补偿费用不足以建设基本住房的，要计列不足部分的补助费用纳入水电工程投资概算。移民工程项目建设费用一般按规划设计投资成果计列。企业的设施设备等，按重置成本价并扣除折旧费用确定补偿单价。移民搬迁费用按照搬迁所发生的所有费用按当地的实际所需进行计算，主要包括运输搬迁物质的损失，误工和经营损失，住宿和临时住房建设补助，保险费等。独立费、预备费等按政策和技术标准的规定价格和费率进行计算。

3.1.6.4 补偿费用概算编制

根据前述确定的补偿实物量、工程量和相应项目的费用单价，按照相应的编制办法计算分项费用；进行投资平衡分析，提出计列概算的费用，并按照规定计算独立费用、预备费，计算补偿总费用；提出分年费用计划。

3.1.7 公众参与

公众参与是移民安置规划设计控制的主要工作要素，是保障实物指标调查成果客观公正，保证移民安置规划方案具有可操作性，保护移民合法权益的重要手段，同时也是降低移民安置的社会风险，促进移民安置工作顺利推进的重要措施。移民安置规划过程中公众参与的主要工作环节包括工程方案拟定、实物指标调查、移民安置规划方案拟定和移民安置实施。

3.1.7.1 参与工程方案拟定

工程方案的拟定包括水电工程坝址和水位的选择以及施工场地的选择，是水电工程建设技术方案前期论证的关键内容。为合理确定水电工程建设规模，尽量降低工程建设对当地社会、经济发展的影响，工程设计单位通过实地查勘和资料查阅等方式，识别工程建设区范围内的重要和敏感对象，包括人口、房屋和专业项目、各类保护区等，同时将工程开发任务、开发规模和建设征地的范围、征地影响情况等告知地方人民政府、行业主管部门以及当地居民和社会团体，并征求其主要利益相关者对于工程建设的意见，作为工程方案选择的主要依据。在工程方案分析论证和比选确定的过程中，项目业主和工程设计单位要考虑利益相关者的意见诉求，根据反馈的意见调整工程布置方案和采取工程措施，避让一些重要的、敏感的影响对象。

3.1.7.2 参与实物指标调查

公众参与实物指标调查工作，是客观、公正、全面准确查清实物指标，保障移民合法权益的重要工作措施。实物指标调查阶段公众参与环节包括实物指标调查宣传，实物调查过程参与，调查成果签字确认，调查成果公示和复核等。

1. 实物指标调查宣传

开展实物指标调查，需要先行编制调查细则并征求地方政府和有关部门的意见，经有关部门确认后，作为实物指标调查工作的指导性文件；并通过编制和印发调查细则和宣传手册，召开培训会、宣传动员会等方式，就调查工作向广大的移民群众开展宣传，使公众知晓实物指标的调查内容、方法、程序、计划安排和工作要求等。

2. 实物指标调查参与

实物指标调查需组建调查组，参与的单位主要有地方政府及相关职能部门、项目法人、设计单位、相关乡镇和村组人员。建设征地涉及产权人（个人和单位）全面参与现场调查，起到全面了解自身财产情况、相互监督和见证的作用。

3. 实物指标调查表格签字确认

现场调查结束后，调查人员填写调查表，并由产权人和调查组成员签字，需要时调查组需向产权人解释调查表格中的各项内容，权属人有异议的，需进行现场复核确认。

4. 实物指标调查成果公示和复核

实物指标调查完成后，由当地人民政府将调查成果在当地社区进行张榜公示。张榜过程中，被调查者对张榜公示的实物指标数据有异议的，向联合调查组反馈意见，联合调查组根据提出的意见对被调查者有异议的调查结果进行复核，对有误的事项予以修正，并进行再次公示，核查无误的及时向权属人解释。实物指标调查成果公示复核是公众参与过程中非常重要的环节，公众通过对调查成果进行横向和竖向比较，互相监督，检查户与户之间、单位与单位之间的调查标准、尺度、方法是否一致，发现自身的实物指标是否有遗漏等。

通过以上实物指标调查全过程的公众参与，公众可以更加理解调查登记工作，更加信任调查登记结果，同时也有效降低了实施阶段的纠纷。

3.1.7.3　参与移民安置规划方案拟定

地方政府在移民安置规划方案的核定中起决策作用。地方政府在确定移民安置规划方案过程中，除了要求地方政府各职能部门积极参与移民安置规划的讨论与研究，同时广泛听取移民和移民安置区居民的意见，作为制定移民安置方案的依据。

移民安置规划设计阶段公众参与的工作环节包括移民安置规划大纲编制和移民安置规划报告编制。

1. 移民安置规划大纲听取和征求意见

移民安置规划大纲公众参与讨论的内容有生产安置方式和去向、搬迁安置去向、成片生产开发区的位置、农村移民集中安置点位置、城市集镇迁建新址的位置、配套的水电路等基础设施的位置、建设用地和宅基地标准、生产安置标准、交通等专业项目复建方案（规模、线路走向和建设标准）、农村和城镇集中安置点的平面布置、竖向布置、文化教育卫生等公共设施的规划方案、企业事业单位处理方案等。搬迁安置去向是规划大纲征求意见的重点，对于村组和移民自己提出的安置点，设计单位会同地方政府和项目法人进行实地查勘、分析论证，在协商一致的基础上将符合条件的安置点优先纳入比选方案。

规划大纲听取和征求意见一般采取座谈会和入户调查两种方式。座谈会主要是在初拟方案阶段，由设计单位组织各级地方政府人员与移民代表就安置方式和地点进行初步沟通，听取社会各界的看法和意见，以利于比选方案的拟定。入户调查主要是在初步比选方案拟定后，在向移民户进行各初步比选方案说明和效果展示基础上，以调查表格形式逐户征求移民户对比较方案包括生产安置方式和去向、搬迁安置去向的选择意见。征求意见一般留存会议签到表、会议纪要（记录）和意愿调查表，作为公众参与过程中的痕迹资料。地方政府有关部门还可以采用书面形式对规划大纲征求意见。

2. 移民安置规划报告听取和征求意见

移民安置规划报告公众参与讨论的主要内容有土地资源筹措、土地开发利用方案、土地开发整理项目、土地开发整理，其他生产安置措施；集中居民点规划设计成果及外部配套基础设施，分散安置典型设计的选择情况和成果；城市集镇迁建修建性详细规划成果，包括用地布局、竖向规划、道路交通规划、管线规划、公共服务设施规划、绿化规划、防灾规划、环境保护和水土保持规划等，城市集镇基础设施工程设计成果；企业事业单位补偿评估成果、迁建设计成果、交通运输、水利、电力、通信广播、防护工程、文物古迹、矿产资源等专项设施的规划设计成果、征用土地复垦及耕地占补平衡、库底清理、环境保护与水土保持、实施组织设计等。集中居民点规划设计是规划报告征求意见的重点，对于农村移民集中安置点规划设计成果，需根据大多数移民的意愿拟定安置点平面布置、竖向布置等，避免后期安置点建成后因移民不愿去或去的人数少而造成投资浪费。

为了保证移民更直观地了解规划设计方案，增加对方案的接受程度，在征求意见过程中，利用设计图纸以及实景效果图等方式向移民群众展示未来的安置点面貌，并通过问卷调查或讨论会等方式，征求大多数移民心目中的理想设计方案。

3.1.7.4 深入参与移民安置实施工作

移民安置项目实施过程中的公众参与主要体现在建房方式选择、宅基地和生产用地分配、移民工程建设（专项设施、安置点基础设施和房建等）、补偿资金的分配和使用等环节。

1. 建房方式选择

在移民房屋规划和建房方式上，充分尊重移民的自主选择权，一般农村移民住房由移民自主建造，当地人民政府或者村民委员会统一规划宅基地，移民可以自主选择房屋是否采取自建、联建或者统建的方式。

2. 宅基地和生产用地分配

移民充分参与宅基地分配活动，许多地方的移民实施机构采取抽签定位的方法，即公开被认可的抽签实施程序，由移民当众抽签，按先后顺序选择宅基地的位置，在宅基地分配过程中也接受群众和移民实施机构的监督。在生产用地划分方案的制定上，采用的方法也基本相同，由村民委员会召开村民会议讨论制定具体的分配方案，很多库区村民生产用地也采取以户为单位的抽签方式确定。

移民以村民小组为单位与地方政府共同研究制定本村组宅基地的分配方式，并获得绝大多数移民的同意，可以有效降低移民的不满及纠纷。

3. 移民工程建设

在交通、电力、水利、电信、广播等专项设施的建设中，在满足基本建设管理程序和规定的前提下，尽可能地优先考虑移民劳动力参与重建活动。

在安置点的供水、供电、交通、通信、广播、场地平整等基础设施项目建设中，选举移民代表参与实施过程，如设立移民代表委员会，对基础工程的实施环节提供建议，同时监督建设质量；在移民房屋建设过程中，对于委托代建的，优先安排移民劳动力参与建设活动，成立移民建房监督小组和业主委员会，负责监督统一建房的质量、进度、资金使用等情况。移民主导施工单位选择、房屋质量监督等工作，能有效保证房屋建设质量并减少纠纷。

4. 补偿资金的分配和使用

有移民安置任务的乡（镇）、村将资金收支情况张榜公布，接受群众监督；土地补偿费和集体财产补偿费的使用方案经村民讨论通过；地方政府组织移民综合设计单位和综合监理单位，依据公示确认的移民实物指标和审定的补偿单价，以户为单位填发移民补偿手册，让移民清楚各项实物指标的具体数量、补偿单价和补偿资金。

3.2 流程控制

流程控制是指开展移民安置主要技术工作需要遵循一定的工作步骤、工作要求和对应成果需要履行的审查审批程序。水电工程移民安置技术工作跨越了前期规划与设计、移民安置实施和后续发展3个阶段。在这3个阶段的各项技术要素和关键节点，根据国家和地方的政策法规、行业技术标准等均制定了相关的控制流程。流程控制主要包括主要技术要素确定的工作程序（环节）、实施工作技术要求、主要技术成果的审查审批等。

3.2.1 前期规划阶段

3.2.1.1 确定建设征地范围

建设征地范围的确定是移民安置工作的基础，主要包括枢纽布置和正常蓄水位的比选以及水库淹没影响区等范围的确定。确定建设征地范围的技术控制要求如下：

（1）由设计单位根据水电工程一系列的技术规范，根据审定的流域规划和初拟的枢纽工程施工总布置、正常蓄水位方案比选分析成果和水库库岸稳定性地质勘察评价成果，分别编制枢纽工程施工总布置专题报告、水库正常蓄水位选择专题报告和水库影响区地质勘察专题报告。在报告编制中需调查建设征地范围内具有制约性的对象及其控制高程、范围和数量，初步研究水电工程建设征地对地区经济社会的影响，从建设征地移民安置角度提出枢纽工程布置和正常蓄水位比选方案的分析论证意见，并编制设计报告的移民安置相关篇章。

（2）由技术审查单位对上述3个设计专题报告进行技术审查，提交主管部门审查批复。

（3）以审定的3个设计专题报告为基础，提出水库影响区范围和枢纽工程建设区范围界线，作为有关人民政府发布"停建通告"、项目业主办理用地手续基本建设范围和开展实物指标调查的依据。

3.2.1.2　确定实物指标

实物指标的确定主要包括实物指标调查细则的编制和审批，地方政府发布"停建通告"、界桩埋设、实地调查、实物指标公示和复核、实物指标确认等。确定实物指标的技术控制要求如下：

（1）编制实物指标调查细则。在实物指标调查工作开展前，由移民安置规划设计单位编制实物指标调查细则，由移民管理机构组织对调查细则进行技术评审后，作为开展实物指标调查的指导性文件和发布"停建通告"的依据。

（2）发布"停建通告"。实物指标调查开始前，由项目业主提出实物指标调查申请，由有关人民政府发布"停建通告"，并对实物指标调查工作做出安排。

（3）界桩布设。移民安置规划设计单位根据审定的建设征地范围进行界桩设计，并现场测设界桩标识，作为实物指标调查现场范围确认的依据。

（4）开展实物指标调查。项目业主、地方政府及设计单位等组织成立联合调查组，并对实物指标调查组进行培训，调查工作组在征地涉及的财产权属人参与下开展实物指标调查工作。

（5）实物指标公示与复核。实物指标外业调查工作完成后，组织实物指标汇总和公示，权属人对实物指标有异议的，向调查组提出申请，反映公示中出现的错登、漏登、统计错误以及调查过程中出现的特殊情况等问题，由实物指标联合调查组进行分析，需要时进行现场复核，并形成最终的实物指标成果。

（6）实物指标确认。实物调查应当全面准确，调查结果经调查者和被调查者签字认可，由地方人民政府签署意见后作为开展移民安置规划的依据。

3.2.1.3　制定移民安置方案

移民安置方案的制定主要包括分析确定移民安置任务，确定安置目标和标准，进行环境容量分析，征求移民意愿，拟定移民安置方案。

移民安置规划设计单位根据确认的实物指标成果和经济社会调查资料等为基础，按照技术标准的规定，分析确定移民安置任务。

根据确定的移民安置目标和安置标准，在经济社会调查基础上，进行环境容量分析，初拟移民安置处理方式和安置去向，征求移民和移民安置区居民意见，拟定移民安置方案，作为开展移民安置总体规划的依据。

移民安置规划设计单位根据确定的移民安置方案，按照技术标准的规定编制移民安置总体规划报告，作为编制移民安置规划大纲的依据。

3.2.1.4 编制移民安置规划大纲

由项目法人组织编制移民安置规划大纲，主要内容包括移民安置的任务、去向、标准，农村移民生产安置方式，移民生活水平评价，搬迁后生活水平预测，水库移民后期扶持政策，淹没线以上受影响范围的划定原则，移民安置规划编制原则等内容。

项目法人按照规定将移民安置规划大纲报省级人民政府或者国务院移民管理机构审批，大纲审批前征求移民区和移民安置区县级以上地方人民政府的意见。经批准的移民安置规划大纲是编制移民安置规划的基本依据，应当严格执行，不得随意调整或者修改；确需调整或者修改的，应当报原批准机关批准。

3.2.1.5 开展移民安置规划设计

移民安置规划设计由设计单位按照批准的移民安置规划大纲确定的移民安置方案，按照行业规程规范开展项目的设计，主要包括农村居民点、城市集镇规划设计，土地开发整理规划设计，专业项目设计，库底清理设计，以及移民补偿费用等。

3.2.1.6 编制移民安置规划

在移民安置规划设计工作的基础上，由项目法人组织移民安置规划设计单位编制完成移民安置规划，并按规定的程序报省级移民管理机构或者国务院移民管理机构进行核准，规划报告核准前应征求移民区和移民安置区县级以上地方人民政府的意见。经核准的移民安置规划是组织实施移民安置工作的基本依据，应当严格执行，不得随意调整或者修改；确需调整或者修改的，应当报原批准机关批准。

3.2.2 移民安置实施阶段技术控制

3.2.2.1 编制移民安置实施计划

实施阶段应依据批准的移民安置规划和移民管理机构要求，结合移民安置实际编制移民安置实施总体控制性计划、阶段性计划、移民安置完工计划、移民安置年度计划和移民安置项目实施计划等，征求移民安置综合设计和综合监理等单位的意见后，上报有关移民管理机构批准，以作为移民安置实施的依据。在移民安置实施过程中，当移民安置年度计划与移民安置实施总体控制性计划、阶段性计划和完工计划不相匹配时，应及时调整，并提出处理措施。

3.2.2.2 编制阶段性移民安置实施方案报告

实施阶段应根据阶段性建设征地处理范围，依据批准的移民安置规划划分阶段性实物指标和移民安置任务，拟定阶段性移民安置实施方案，分解阶段性移民安置补偿费用，在此基础上编制阶段性移民安置实施方案报告。阶段性实施方案报告经有关移民机构组织审查批复后，作为移民安置阶段性实施和验收的依据。

3.2.2.3 实施组织

移民安置实施管理单位在开展移民安置实施中，要组织承担移民安置的综合设计单位、综合监理单位、独立评估单位参与移民安置实施工作，委托设计单位对移民工程项目进行设计。

移民安置综合设计单位的任务主要是统筹考虑实施阶段的移民安置规划设计工作，为移民安置实施提供综合技术保障，主要工作内容包括编制综合设计工作大纲，开展责任范围内的移民安置实施计划编制，进行规划符合性检查，编制阶段性移民安置实施方案专题报告，进行补偿费用分解和设计变更技术管理，开展现场技术服务，以及参与移民安置验收等。

移民综合监理单位的主要任务是编制移民综合监理细则，报移民管理机构审批后，作为移民综合监理实施的依据。根据国家及省级人民政府颁发的法规政策、规程规范、批准的移民安置规划和移民安置实施计划，移民安置综合监理单位按照补偿补助兑付、农村移民安置、城市集镇迁建、专业项目处理、库底清理等分类目标和内容，对项目实施的综合进度、综合质量和资金拨付使用情况进行全过程监督、检查、记录、审核和报告。

移民安置实施单位组织移民工作项目设计单位开展单项工程的招标和施工图设计，设计成果征求移民安置综合设代和综合监理等单位的意见后，上报行业主管部门审查批复，作为移民安置单项工程实施的依据。

移民安置独立评估单位要编制独立评估工作实施细则，报有关移民主管部门确认，作为开展独立评估的依据。在此基础上开展独立评估本底调查工作、编制本底调查报告，并报项目业主和移民管理机构审查批准后，作为移民安置效果评价对比基准。同时，独立评估单位从移民安置开始实施到工程竣工验收，持续对移民安置实施情况进行跟踪，分析评价移民生产生活水平、建设征地涉及区域经济发展、移民实施管理情况，定期编制独立评估文件，对重大问题提出处理措施和建议。

3.2.2.4 设计变更

水电工程建设征地移民安置工作的特点是与经济社会发展背景结合紧

密、政策性强、涉及面广、跨度时间长、人为因素多。由于经济社会发展、环境条件改变，移民意愿变化，地方政府意见调整等，导致水电工程建设征地涉及实物指标、物价、移民安置规划方案和移民安置单项工程方案等不可避免地会发生变化。由于这一变化，引发移民安置实施阶段原审定的工程主要特征参数、工程设计方案和移民安置方案等发生设计变更。水电工程设计变更分为一般设计变更和重大设计变更。重大设计变更范围包括征地范围调整及重要实物指标的较大变化、移民安置方案与移民安置进度的重大变化、城市集镇迁建和专项处理方案重大变化等；其他变化为一般设计变更。

设计变更需要履行设计变更程序，成果批准后才能作为移民安置实施的依据；主要程序为责任单位提出设计变更申请，报有权限的移民管理机构审批，申请审批后开展变更项目的设计，设计成果经审批后作为项目实施的依据。移民安置实施过程中的设计变更申请一般由县级移民实施机构（或综合设计单位）提出，由移民安置综合设计（或县级移民实施机构）和综合监理等单位签署意见后，报送州级移民管理机构。对于一般设计变更，由州级移民管理机构商项目法人，对一般设计变更申请作出批复；对于重大设计变更，州级移民管理机构提出初审意见后，报省级移民管理机构，由省级移民管理机构商项目法人进行批复，并对变更后的规模、标准和规划设计等提出要求。设计变更申请经批复后，由有关设计单位组织开展变更项目的规划设计工作，编制规划设计报告，报移民管理机构组织审查批复后，作为实施的依据。

西南某省移民安置一般设计变更流程如图3-4和图3-5所示。

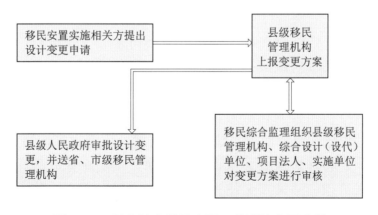

图3-4　西南某省移民安置一般设计变更流程

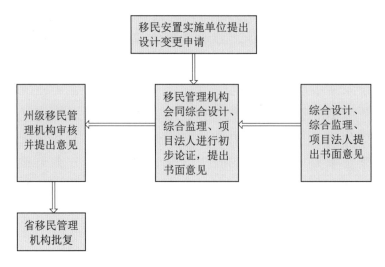

图3-5 西南某省移民安置重大设计变更流程

3.2.2.5 移民安置验收

移民安置验收主要包括移民安置单项工程竣工验收、移民安置阶段性验收和移民安置竣工验收等。

移民安置单项工程建设完成后，即可开展单项工程竣工验收，一般由县级移民实施机构或项目主管单位组织行业主管部门、综合设代、综合监理、单项工程施工图设计单位和监理单位等开展，单项工程验收合格后，移交项目主管部门管理和使用。

移民安置阶段性验收是指在水电工程围堰截流、下闸蓄水（含分期蓄水）等阶段的移民安置验收。移民安置竣工验收是指移民安置工作完毕后组织的验收。移民安置未经验收或验收不合格的，不得对水电工程进行阶段性和竣工验收。

移民安置阶段性验收和竣工验收以自下而上的顺序进行。移民安置自验一般由县级人民政府或其授权部门组织移民实施机构、有关乡级人民政府、项目法人、综合设代、综合监理和独立评估单位等开展；自验通过后由县级人民政府向州级人民政府提交初验申请。在接收初验申请后，州级人民政府或其授权部门会同项目法人组织初验，依据批准的移民安置规划，分类检查验收农村移民安置、城市集镇迁建、工矿企业处理、专业设施迁建、水库库底清理、移民资金使用管理、移民档案管理、移民后期扶持政策落实、建设用地手续办理等实施情况，验收通过后编制初验报告，向省级人民政府提交终验申请。省级人民政府或省级移民管理机构组织终验，并对建设征地涉及各州级初验报告、移民安置管理工作报告、实施工作报告、规划设计工作报告、综合监理工作报告及独立评估工作报告等验收材料进行审核，当移民安置符合有关验收规定条件时，通过移民安置验收。

3.2.2.6　概算调整

移民补偿费用概算调整是工程概算调整的重要组成部分。水电工程移民安置工作由于政策性强、周期长等原因，实施阶段国家和省级移民安置政策不可避免地会发生调整，物价会发生变化，设计变更也出现较多。工程的实施阶段，移民管理机构或项目法人根据需要开展移民补偿费用概算的调整工作。

对于经核准并开工建设的水电工程，在建设过程中由于国家政策调整、市场价格变化以及工程设计变更等原因，导致原批准移民补偿费用设计概算不能满足移民安置工作实际需要，且投资完成额超过原批准设计概算 80% 及以上的，可向能源主管部门申请调整概算；移民补偿费用调整概算报告由项目法人委托原设计概算编制单位编制，概算调整报告报能源主管部门审批。能源主管部门在审批概算时委托原设计概算审查单位，按照工程概算管理的有关规定，组织专家对概算调整申请报告进行技术审查。

实施阶段移民安置费用概算调整首先应由设计单位梳理移民政策调整、物价变化、设计变更、移民安置实施遗留问题等情况，编制完成概算调整报告。概算调整报告经技术审查后报国家能源主管部门批准。

3.2.3　后续发展阶段技术控制

水电工程移民实行前期补偿补助和后期扶持的政策，即在移民安置完成后的一定时期内，对移民的生产、生活进行持续扶持，使移民的生产生活水平达到或超过原来应有水平，并使其可持续发展和与区域经济社会同步发展创造条件。移民后期扶持资金由国家在上网电价中统一征收，按各省区移民规模和当地水电项目上网电量情况，核算到各省区，由各省区统筹安排。移民后期扶持资金主要有两部分：一部分是按移民人口核算的每个移民每年 600 元，共计扶持 20 年的费用；另一部分是从水电工程上网电量中提取的每年每度电 0.008 元的库区维护基金。后期扶持的方式主要有用现金方式直补到移民个人和对移民安置区的生产开发、基础设施项目进行建设扶持。

移民安置完成后，移民安置区县级以上地方人民政府要及时核定后期扶持人口,上报国家有关移民管理部门审核,地方政府定期组织编制水库移民后期扶持规划(包括直补到人和项目扶持两部分),报上一级人民政府或者其移民管理机构审查批准后,作为开展后期扶持实施的依据。

对纳入移民安置后期扶持的项目,由地方政府移民主管部门委托设计单位按照行业要求开展项目的设计,主要内容包括项目的建设条件、建设规模、工程量、投资、进度安排、风险评估和综合效益评价等,并编制后期扶持项目规划设计专题报告。后期扶持项目规划设计专题报告经移民管理机构组织审查批准后,作为后期扶持项目实施的依据。

后期扶持按规划实施完成后,由地方政府委托评估单位对后期扶持的效果进行评估,为后续的扶持工作提供依据。

4

移民管理机制

　　中国在不同的历史时期，随着水电工程建设事业的发展，逐渐设立了国家级、省级、市级、县级一整套较为完整的移民管理部门，并自始至终在移民政策制定、移民安置实施等过程中起着决定性的作用。

　　早期，中国处于计划经济时期，工程建设实行指令性计划，水电工程建设存在"重工程、轻移民"倾向。因水电工程相对较少，在水电工程建设涉及的地区成立专门的移民管理机构，但大多是临时性的机构，如省级层面设置的临时性移民工作部门，主要针对某一特定水电工程设立，专门负责移民政策制定、移民安置实施等工作。

　　其后，随着水电工程逐渐增多，移民安置工作量逐渐增大，先后分别成立了国家级、省级、市级、县级的移民管理部门，配置固定的工作人员，专门从事此项工作，如：水利部移民局负责管理全国水利工程移民管理工作，国家能源局新能源和可再生能源司负责全国水电工程移民管理工作。

　　各省（直辖市、自治区）也相继成立了省级常设的移民管理部门，如：云南省移民局、贵州省水利水电工程移民局等。省级移民管理部门除了落实国家的移民政策外，还根据本地区的实际情况，分别制定相应的政策规定，规范本地区的移民管理工作。在此基础上，大多数省（直辖市、自治区）相应设置市级、县级移民管理机构，主要负责落实上级移民政策、实施本行政区的移民安置工作，并可根据本地区实际情况，制定详细的实施规定。

　　随着中国市场经济的发展，水电工程建设由单一的指令性计划转变为项目业主投资开发的模式，逐步明确了水利水电工程移民管理体制。

　　为了加强对水电工程建设征地和移民安置工作的管理，明确各级地方

53

政府、移民机构、项目法人、设计单位和监理单位等有关部门和单位的责任和义务，确保水电工程建设征地移民安置工作的顺利进行，促进水电工程建设的健康发展，保护移民的合法权益，2002 年，原国家计委组织制定了《国家计委关于印发水电工程建设征地移民工作暂行管理办法的通知》（计基础〔2002〕2623 号），明确国家对水电工程建设征地移民工作实行"政府负责、投资包干、业主参与、综合监理"的管理体制；2006 年，国务院颁布实施了《大中型水利水电工程建设征地补偿和移民安置条例》（国务院令第 471 号），进一步明确大中型水利水电工程移民安置工作实行"政府领导、分级负责、县为基础、项目法人参与"的管理体制，从法律层面进一步厘清政企间的关系，明确了政府在水电移民工作过程中的主导作用，并规定水电工程项目法人要参与移民管理工作，协调处理移民相关问题。

在一些特别重大的工程，或者工程建设征地跨省的，如长江三峡工程、南水北调工程等，还分别成立了国家级的移民管理协调机构。其中，国务院三峡工程建设委员会办公室专门管理三峡工程移民工作，国务院南水北调工程建设委员会办公室专门管理南水北调工程移民工作。

同时，移民安置规划设计审查单位（如水电水利规划设计总院）受国家能源主管部门委托，负责对移民安置规划设计审查、移民安置验收等工作进行技术把关；从 20 世纪 80 年代开始，逐步引进移民安置综合监理、移民安置独立评估等第三方社会机构加强对移民工作的监督评估，水电移民工作逐渐规范化。

中国水电移民管理模式的特点是：①管理机构较为固定，且不断得到加强；②相关规章制度不断建立健全，水电移民安置工作逐步进入依法移民的轨道；③各级政府加强了对移民安置规划的实施和管理，实物指标调查、安置规划等前期工作不断得到重视；④"政府领导、分级负责"的管理模式逐步形成。随着世界银行等外资的引入，移民安置管理开始逐步与国际接轨，移民监理、监测评估和后评估等相关制度逐步建立。

总体而言，政府机构在移民管理工作中起着至关重要的作用，从移民政策和标准的制定、移民安置的实施，到移民安置验收，均由政府主导，贯穿移民管理工作的全过程。

政府各级移民管理部门的设置较为完备，人员相对固定，管理制度健全，主要负责移民安置实施以及前期工作的配合；项目法人负责编制移民安置规划并参与移民安置实施；受委托的技术审查单位加强对移民安置规划和实施的技术控制，强化第三方社会机构的监测评估。各方职责分工明确，逐步形成了较为完善的水电移民管理模式。

4.1 管理机构

在水电移民工作过程中，政府机构、项目法人、第三方机构均参与移民管理，按照法律的规定，各自承担相应的管理职责。

4.1.1 政府机构

为适应移民管理的需要，在不同的历史时期，根据移民任务的变化，中国各地区相继成立了不同层级的移民管理机构，并逐步趋于完善。

20世纪50年代，中国处于计划经济时期，工程建设实行指令性计划，水电工程建设相对较少，水电工程建设存在"重工程、轻移民"倾向，没有专门的水电移民安置的政策、法律、法规和技术标准，可以遵循的政策法规也不完善。移民必须服从国家的统一安排，移民工作相对简单，该时期移民管理机构大都是根据某个水电站建设的需要，由政府设置的临时机构。如：四川省为狮子滩水库成立了省移民工作委员会；河北省为官厅水库成立了官厅水库移民办事处；浙江省为新安江水库移民成立了天目山经济开发委员会，1957年调整为副省长任主任的新安江移民工作委员会。同时，省级以下有移民安置任务的地方政府均设有移民工作委员会。一旦该水电站的移民管理工作完成，移民管理机构就随之解散。

1958年，国务院将移民工作从内务部管理调整为农垦部管理，并要求有关省、地（市）、县设立移民管理机构。"文化大革命"期间，部分省份和地方人民政府的移民机构先后撤销或解散，少数保留的逐渐演变为水库移民办公室，负责辖区内的水利水电工程移民行政管理。这一时期，移民管理比较粗放，不重视移民安置规划，主要采取"条块结合，以块为主"的管理模式，将移民问题交给地方政府负责，水库移民工作主要靠政治动员、行政命令的方式进行。

改革开放后，国家从计划经济逐渐向市场经济转变，水电工程建设推行项目法人责任制，由独立的项目法人投资开发，对移民安置工作的要求越来越高，国家更加重视水利水电工程的移民工作。

1981年，电力部和财政部决定设立库区维护基金，解决部分库区遗留问题。部分省份开始恢复水库移民办公室。

1985年，为使用好、管理好库区建设基金，水利电力部专门成立了移民办公室（现为水利部农村水电与水库移民司），负责 1985 年以前的遗留问题处理。

国家层面对在建水电工程移民工作进行管理，涉及投资的，由行业主管部门和投资主管部门按投资管理方式管理；移民安置具体工作事项，由各省自行管理。省级移民机构开始逐渐完善，有的省份专门为单一项目设立移民办，如福建省就专门设立了副厅级的水口水电站库区工作办公室。

为了统一协调、管理全国的水库移民工作，国家层面先后成立了电力工业部水电工程移民工作领导小组及办公室、水利部下设的农村水电与水库移民司（原为水利部水库移民开发局）、国家能源局新能源和可再生能源司等国家级水库移民管理部门。

除此之外，针对某一大型项目，或者征地移民涉及多个省（自治区、直辖市）的项目，国家层面还专门组建移民管理部门，统一管理特定项目的移民工作；或者针对某一特定水电工程项目，成立专门的管理协调机构。

如：为保证三峡工程的顺利建设，国务院成立了国务院三峡工程建设委员会，作为工程建设和移民工作的高层次决策机构，下设国务院三峡工程建设委员会办公室负责日常工作。涉及水库移民的湖北省、重庆市以及移民外迁涉及的 11 个省（直辖市）分别成立了省、市、县移民管理机构，具体负责三峡移民搬迁安置工作。

又如：国务院南水北调工程建设委员会办公室负责南水北调工程移民工作，依据国家有关法规，主要实行"国务院南水北调工程建设委员会领导、省级人民政府负责、县为基础、项目法人参与"的管理体制，对南水北调工程移民安置实行全程监督管理。

再如：为加强对金沙江下游水电移民工作指导和协调，国家能源局牵头成立了金沙江下游水电移民协调领导小组，统一协调金沙江下游水电工程移民管理工作。

随着水电工程开发高峰的来临，移民管理工作量越来越大，要求越来越高，加之需要解决早期开发的水电站遗留问题等，涉及水电开发的各省（自治区、直辖市），特别是水电资源丰富的云南、四川和贵州等省，水电移民管理机构逐步完善，基本形成了单列编制的省、市、县三级移民管理机构，人员相对固定，管理制度日臻完善。

根据相关规定，各级政府部门职责主要如下：

（1）国务院投资主管部门负责全国水电工程移民工作的宏观管理，组织制定水电工程移民工作的政策法规，按管理权限核准（审批）水电工程项目。

（2）国务院能源主管部门负责全国水电工程移民工作的行业管理。

（3）省级人民政府对本行政区内移民工作负总责，负责批准本辖区内大中型水电工程移民安置规划大纲，负责做好本行政区内的移民工作。

（4）省级移民管理机构，根据省级人民政府的授权，负责审核本辖区内移民安置规划，负责本行政区移民工作的组织实施与管理。

（5）市、县人民政府是本行政区内水电工程移民工作的实施主体和责任主体，可根据需要设置相应的移民管理机构，对本行政区移民工作全面负责，依据经批准的移民安置规划组织移民安置实施工作。

4.1.2 项目法人

20 世纪 90 年代以前，中国实行计划经济体制，政府集中了政治、经济等各项权利，依靠行政权力配置全部社会资源，水电站工程建设由国家政府主管部门出资建设。从出资角度而言，国家政府主管部门承担了水电站项目法人职责。政府既是经济社会的管理者，宏观经济的决策调节者，又是微观经济的直接管理者和具体实施者，包揽了经济社会生活的一切事务，并以行政命令方式处理经济社会事务，从而可以利用行政手段处理移民安置事务，这也是与中国当时的生产力发展水平和社会发展程度相适应的。

20 世纪 90 年代以后，逐渐向市场经济体制转变，水电站项目法人开始作为独立的、重要的水电工程主体之一，承担水电工程的投资、开发、运营和管理。原国家计委颁布了《关于实行建设项目法人责任制的暂行规定》（1996 年），提出了实行建设项目法人制的具体规定和要求。建设项目法人的主要职责是对项目的策划、资金筹措、项目建设的实施、生产运营、债务偿还和资产保值增值实行全过程负责。

2006 年至今，《大中型水利水电工程建设征地补偿和移民安置条例》（国务院令第 471 号）公布后，移民安置工作实行"政府领导、分级负责、县为基础、项目法人参与"的管理体制，项目法人全过程参与移民工作的管理和实施。

根据《移民条例》，项目法人在移民前期工作中处于主导地位，需要编制移民安置规划大纲和移民安置规划报告，并在整个前期过程中发挥牵头和协调作用；移民安置实施工作中，项目法人仍需全过程参与，与地方政府一道共同协调处理移民安置实施过程中的各类问题。

具体而言，水电工程项目法人的主要职责如下：

（1）移民安置规划阶段，由项目法人委托有资质的设计单位编制移民安置规划大纲，按照审批权限报相关管理机构审批。项目法人还负责办理林地、土地使用等手续，使水电站建设用地合法。

（2）工程开工前，项目法人应当根据经批准的移民安置规划，与移民区和移民安置区所在的省、自治区、直辖市人民政府或者市、县人民政府签订移民安置协议。

（3）移民安置实施过程中，项目法人与地方人民政府共同委托移民安置综合监理单位、移民安置独立评估单位对移民安置资金、进度、质量等实施监督评估。项目法人还应当根据移民安置年度计划，按照移民安置实施进度，将征地补偿和移民安置资金支付给与其签订移民安置协议的地方人民政府。除此之外，项目法人应参与协调处理移民安置实施过程中的重大问题。

4.1.3　第三方机构

大中型水电工程是关系国计民生的公共工程项目，工程规模大，工期较长，投资大。在征地移民工作实践中，技术咨询审查、移民综合监理、移民安置独立评估等第三方机构参与其中，推动了中国移民理论和实践的规范化、科学化进程。

参与移民管理的第三方机构主要有技术咨询审查机构、移民综合监理机构、移民安置独立评估机构。

计划经济时期，即20世纪80年代以前，移民安置居于工程建设的从属地位，主要采取"条块结合，以块为主"的管理体制，将移民问题交给地方政府负责，通过"一平二调"、行政命令的方式安置移民。如：当时的水电水利规划设计总院（前身为水利水电规划设计总院），由国家能源部、水利部两部共管，主要负责对全国水利水电规划设计进行归口管理，代表政府行政主管部门，行使行业技术管理职能。

20世纪80年代后期，随着社会主义市场经济体制的不断发展和完善，中国的水电工程建设体制逐步与国际接轨，并建立了"业主负责制、工程监理制、招标投标制、合同管理制"的管理体制。

20世纪90年代，中国水电工程移民管理工作也已相应进行了改革和完善，建立健全了"政府负责、投资包干、业主参与、综合监理"的管理体制。

2017年发布的《大中型水利水电工程建设征地补偿和移民安置条例》

（国务院令第 679 号）规定："国家对移民安置实行全过程监督评估。签订移民安置协议的地方人民政府和项目法人应当采取招标的方式，共同委托有移民安置监督评估专业技术能力的单位对移民搬迁进度、移民安置质量、移民资金的拨付和使用情况以及移民生活水平的恢复情况进行监督评估；被委托方应当将监督评估的情况及时向委托方报告。"

根据上述规定，移民安置实施过程中，移民综合监理、移民安置独立评估单位，作为第三方社会监督机构，对移民安置工作独立地行使监督、评估职能。

移民综合监理的任务是在综合监理范围内对移民安置实施工作的形象进度、总体质量以及移民资金的使用进行综合监督，做好移民综合监理的合同与信息管理，参与协调有关各方的关系，为地方政府和移民机构在实施移民搬迁安置过程中遇到的问题提供综合监理意见。

独立评估是独立于项目法人及移民实施机构的具有移民监测评估能力的组织或机构，对移民活动进行的周期性的监测和客观评估。通过现场调查访问等方法，对移民安置实施活动进行数据和信息的收集，在此基础上对项目移民安置实施工作进行客观评估，以发现存在或潜在的问题提出解决问题的意见和建议，并反馈给项目业主和移民实施机构，推动移民安置实施工作的不断改进和完善。

在水电工程移民技术咨询审查中，技术审查单位以提供技术服务的形式存在。如水电水利规划设计总院受国务院投资、能源主管部门委托，负责建设征地范围、移民安置规划大纲、移民安置规划等报告的技术审查和实施阶段重大设计变更、建设征地移民安置补偿费用调整报告的技术审查。

4.2 运作机制

4.2.1 决策机制

中国水电移民安置决策机制，也是随着时代的发展而变化的。

4.2.1.1 对水电工程设计阶段的划分进行调整

20 世纪 80 年代以前，由于政策与规范不够完善，水电工程建设存在"边勘察、边设计、边施工"的"三边"工程建设方式，移民规划设计存在"重工程、轻移民"和"重搬迁、轻安置"的倾向。在规划设计程序上，一般都是设计单位对实物指标进调查，其他诸如移民安置等皆由地方政府负责实施，没有具体的移民安置规划设计方案。在计划经济时代，移民规划设计缺少基本审批管理程序，水库移民工作主要靠政治动员、行政命令的方式进行。

1984年12月，原水利电力部编制并颁布了《水利水电工程水库淹没处理设计规范》（SD 130—84），这是中国第一部重要的移民安置规划设计技术标准，它为移民前期工作走向规范化管理起到了重要作用。考虑到当时水电工程项目设计划分为河流规划、可行性研究报告、初步设计、招标设计和施工详图5个阶段，移民规划设计在此基础上划分为可行性研究报告、初步设计、技施设计3个阶段。

1991年，中华人民共和国国务院令第74号《大中型水利水电工程建设征地补偿和移民安置条例》发布，为进一步加强移民规划设计工作，以及与原电力工业部关于水电工程设计阶段的调整相匹配与衔接，原电力工业部在SD 130—84的基础上，修编颁布了《水电工程水库淹没处理规划设计规范》（DL/T 5064—1996），该规范将水电工程移民工作调整为预可行性研究报告、可行性研究报告、招标设计3个阶段。

1994年，电力工业部以电计〔1993〕567号文发出了《关于调整水电工程设计阶段的通知》，将3个阶段调整为预可行性研究、可行性研究（等同原初步设计）、招标设计、施工详图4个阶段。

2002年，国家计委以计基础〔2002〕2623号明确提出编制移民安置实施规划的要求。

2007年，国家发展改革委发布了《水电工程建设征地移民安置规划设计规范》（DL/T 5064—2007），将规划设计中原招标设计、施工详图阶段调整为移民安置实施阶段。

4.2.1.2 国家严格管理移民安置规划设计的审批、核准程序

审批、审核重点是针对可行性研究阶段的移民安置规划设计工作和移民安置实施阶段的规划设计工作；在可行性研究阶段之前，均随同主体工程研究报告一并进行审查，国家没有明确的批复要求。

在2006年之前，移民安置规划设计文件随同主体工程研究报告一并报投资主管部门审批。原国家计委《水电工程建设征地移民工作暂行管理办法》（计基础〔2002〕2623号）明确规定，国务院投资主管部门负责审批大中型水利水电工程的建设征地移民安置规划和补偿投资概算，并明确由省级人民政府审批移民安置实施规划。

2006年起，《大中型水利水电工程建设征地补偿和移民安置条例》（国

务院令第 471 号）明确建设征地移民安置规划需要单独编制移民安置规划大
纲和移民安置规划报告，按照审批权限报省、自治区、直辖市人民政府移
民管理机构或者国务院移民管理机构审批、审核后，再行报批项目可行性
研究报告；经批准的移民安置规划大纲和审核的移民安置规划报告，作为
项目可行性研究报告审查和项目申请报告评估的前置条件；经批准的移民
安置规划大纲和移民安置规划报告不得随意调整或者修改，确需调整或者
修改的，应当报原批准机关批准。

随着国家简政放权的改革，目前的水电工程移民安置规划大纲的审批
和移民安置规划审核工作，大部分由省级人民政府及其相应的主管部门承
担。水电工程项目核准后，即进入移民实施阶段，实施阶段开展的单项工
程项目施工图设计，以及各类设计变更处理，根据各省（自治区、直辖市）
政府的规定采取分级管理。

4.2.2 公众参与机制

水电工程移民安置过程中的公众参与对象，主要是指房屋、附属设施、
零星树木、土地、交通、电力、通信、水利、水电、文物、矿产等实物指
标位于建设征地范围内的公民、法人和其他组织以及项目法人、地方政府
和有关主管部门，另外还包括设计单位、综合监理单位、咨询评估单位等
其他利益相关者。

公众享有的权益主要包括知情权、参与权、监督权。知情权是指移民
享有了解移民政策法规、补偿标准、安置
方式、安置对象、安置地点等信息的权
利。参与权是指移民有权参与建设征地实
物指标调查，移民安置方案的制定与实施
和补偿资金使用方案讨论等权利。监督权
是指移民享有监督集体经济组织移民资金
使用和移民安置活动过程，对损害自己合
法权益的行为进行申诉等权利。

在水电站工程建设征地实物指标调查
阶段，实物指标调查的内容、程序、方法
等均向征地区群众进行告知；实物指标调
查结束后，开展调查结果公示（图 4-1），
听取移民的意见，并对移民反映的情况进

图 4-1　实物指标调查结果公示

行复核、给予答复。

在移民安置规划设计阶段，移民安置规划方案、移民安置点选择、移民安置去向等，均充分听取移民的意愿；水电站建设影响专业项目的，专业项目的处理还听取权属人（或主管部门）对处理方案的意见。移民安置规划设计的各个阶段，如预可行性研究阶段、可行性研究阶段、实施阶段，移民安置方案均征求当地政府的意见。

移民安置后期扶持规划中，后期扶持的方式、扶持方案，同样征求了移民和当地政府的意见。

公众参与是移民搬迁安置活动取得成功的重要保障，并且贯穿移民安置全过程。通过公众参与决策过程，可以有效减少矛盾及纠纷的发生，最大限度地保障了移民的权益，保证了移民安置规划的合理性和可行性，提高了移民安置效果。

4.2.3 协调机制

中国水电开发实践表明，水电开发建设征地影响区域跨行政辖区时，各行政辖区间的移民管理可能存在不同的处理方法和标准，极易引发移民攀比，造成矛盾纠纷。因此，研究建立不同层面的工作协调机制非常必要，尤其是省际水电开发项目。

为促进水电开发项目目标的实现，根据移民工作的需要，建立了国家级、省级、水电项目等不同层次的协调机制。国家层级的，如国务院三峡工程建设委员会、国务院南水北调工程建设委员会办公室、金沙江下游水电移民工作协调领导小组；省级层级的，如云南省移民工作轮值协调机制；还有针对单个水电项目的，如瀑布沟移民工作轮值协调机制等。

目前比较典型的流域协调机制为国家能源局建立的金沙江下游水电移民工作协调机制。2010年，鉴于金沙江下游向家坝、溪洛渡、白鹤滩、乌东德四座世界级巨型水电站规模大、移民数量多，且涉及四川、云南两省，情况复杂，国家能源局以《国家能源局关于建立金沙江下游水电移民工作协调机制有关事项的通知》（国能新能〔2010〕155号）文，正式成立了金沙江下游水电移民工作协调领导小组及办公室。协调领导小组由国家能源局牵头，成员包括四川、云南两省发展改革委（能源局）、移民机构，四座水电站移民所涉及州、市政府，中国长江三峡集团公司、水电水利规划设计总院和设计单位的代表，主要协调涉及两省的重大政策、标准及可能引起两省不平衡的重大事项。

该协调领导小组以召开工作会议、现场调研、专家组调研等多种形式开展协调工作（图4-2）。这种协调机制，对于推进四座电站移民工作、保证电站按期下闸蓄水起到了不可替代的重要作用。如2019年6月，金沙江下游水电移民工作协调领导小组到云南省元谋县调研金沙江乌东德水电站移民安置工作。调研组深入到库区和移民安置点，围绕安置点基础设施建设、移民安置房屋建设、库区专业项目迁复建建设、库底清理、移民安置验收工作准备情况、移民安置实施过程中存在的有关问题等进行调研，提出了移民搬迁入住、生产用地分配、库底清理等工作目标，确保金沙江乌东德水电站移民安置工作顺利推进。

图4-2 调研组现场工作及调研组会议

（图片来源：云南省元谋县融媒体中心）

4.2.4 调整机制

水电工程建设周期长，有的大型水电工程建设期长达十年以上。随着经济社会发展和资源环境变化，当地政府和移民的相关诉求、移民工程的建设规模和标准等也会发生巨大变化，在大中型水电工程移民安置实施过程中，常常会发生移民安置规划方案调整、设计变更等现象。

2011年，国家能源局颁发的《水电工程变更设计管理办法》（国能新能〔2011〕361号）规定了"设计变更应坚持科学求实的原则，符合国家有关法律法规和工程建设强制性标准的规定"，明确了符合申报设计变更的前提条件。但在实际操作过程中，因时间跨度大，水电工程建设周期长，影响因素较多，导致经批准的移民规划设计成果变更较为频繁，针对此种情况，在水电项目较多的省份，移民主管部门也陆续出台了本省（直辖市、自治区）的设计变更管理办法。

移民安置实施阶段，需要对经批准的移民安置规划设计成果进行调整的，由县级人民政府、项目法人或者单项工程责任单位提出变更申请，由省级人民管理机构组织项目法人、综合设计单位、综合监理单位进行研究，对于确需变更的，由项目法人委托主体设计单位编制变更报告，经技术审查单位审查并报原审批部门批复后，按调整的移民安置规划实施。

从实践来看，水电工程进行变更设计的主要原因包括：①设计变更，因技术进步、设计深度加深发现新的设计边界条件，甚至设计缺陷而进行的设计调整、补充和优化；②管理变更，因管理因素发生的变更；③施工变更，施工方的原因引起移民专项工程的变更；④其他变更，因国家移民政策和相关工程建设技术规定发生调整而进行的设计调整、补充和优化，因重大自然灾害发生而进行的设计调整、补充和优化。

移民安置实施阶段，对各种变更引起移民安置补偿费用的调整实行动态管理，主要包括以下情况：

（1）基本预备费的使用与管理。在移民安置实施过程中，如发生一般设计变更，包括有关补偿补助政策局部调整和基础单价的不显著变化，应对一般自然灾害造成的损失和预防灾害所采取的措施费用，在履行相应的申请批准程序后，可使用基本预备费（一般不超过相应项目补偿费用的5%）。

（2）价差预备费的使用与管理。在移民安置实施过程中，如发生价格变化（如材料价格上涨），引起工程造价显著增加，在履行相应的申请批准程序后，可使用价差预备费。

（3）概算重编。项目核准前，规划设计有重大变更或核准年与概算编制年相隔2年及以上时，可根据核准年的政策和价格水平，重新编制和报批建设征地移民安置补偿费用概算。

（4）概算变更和调整。项目核准后，当国家有关法规政策、移民安置意愿、项目建设基本条件、项目建设方案、区域经济社会环境和条件发生一定变化时，在经国家或地方投资主管部门批准后，根据最新的法律法规和政策规定、工程建设条件和方案，结合最新的建设征地区经济社会基本情况，在相应设计变更和移民安置规划调整工作的前提下，可开展概算变更和概算调整工作。

4.2.5　验收机制

《大中型水利水电工程建设征地补偿和移民安置条例》规定，在移民安置达到阶段性目标和移民安置工作完毕后，省、自治区、直辖市人民政府或者国务院移民管理机构应当组织有关单位进行验收；移民安置未经验收或者验收不合格的，不得对大中型水利水电工程进行阶段性验收和竣工验收。这样，从法规规定上明确了水电工程在截流、蓄水等阶段性验收和竣工验收前，应先期完成移民安置专项验收，并作为开展水电工程验收的前置条件。

验收程序一般为：县级人民政府自验，并向市级人民政府申请初验，初验完成后，市级人民政府向省级人民政府提出移民安置验收申请，由省级人民政府组织或者委托省级移民管理机构开展终验工作。

移民安置验收主要包括单项工程竣工验收、移民安置阶段性验收和移民安置竣工验收等。移民安置单项工程建设完成后，即可开展单项工程竣工验收；单项工程验收合格后，现场移交主管部门管理和使用。移民安置按照自验、初验、终验顺序，自下而上组织进行。验收时地方政府、项目法人、设计单位、监督评估单位应提交验收专题工作报告。

4.2.6 后期扶持机制

在移民搬迁安置后，为了帮助移民改善生产生活条件，国家先后设立了库区维护基金、库区建设基金和库区后期扶持基金，以解决水库移民遗留问题，对保护移民权益、维护库区社会稳定发挥了重要作用。

1981年，为使库区有关遗留问题得到有效解决，原电力工业部和财政部制定了有关从发电成本中计提库区维护基金的通知，同时还制定了管理库区维护基金的办法，办法规定：从1981年开始，要从发电成本中计提维护基金，提取标准为1厘钱/$(kW \cdot h)$，该项基金主要用来进行水库的维护工作和解决移民问题。1985年8月，中央财经领导小组办公室听取水利电力部关于处理水库移民问题的汇报，决定提取库区建设基金，由原来每发一度电提取1厘钱（库区维护基金），增加到提取5厘钱。

1996年，水利部、电力工业部、财政部等发布了《关于设立水电站和水库库区后期扶持基金的通知》（计建设〔1996〕526号）。该通知要求水电站和库区要建立扶持基金。结合各水库、水电站的实际情况，包括移民数量及损失情况、供电量、水库建成后引起的各类问题及当地的扶持情况，依照每人每年250～400元的标准提取资金，提取标准为5厘钱/$(kW \cdot h)$，提取期限是10年，提取资金用于为移民提供生产和生活帮助。

2002年，国务院批复同意了水利部、财政部、国家计委、国家经贸委、国家电力公司《关于加快解决中央直属水库移民遗留问题的若干意见》，明确设立库区建设基金，用于解决水库移民遗留问题。解决水库移民遗留问题所需投资由中央和地方共同承担。中央安排给有关省、自治区、直辖市移民扶持资金的数额，根据 1985 年底前投产的中央直属水库现有移民人数，按人均 6 年累计 1250 元核定；地方配套资金按 1∶1 比例安排，由省级政府负责筹集。

2006 年，国务院发布了《国务院关于完善大中型水库移民后期扶持政策的意见》（国发〔2006〕17 号），意见规定，对纳入扶持范围的移民每人每年补助 600 元。扶持期限为从移民完成搬迁之日起扶持 20 年。

上述这些政策的实施，在一定程度上解决了一些遗留问题，对促进移民融入安置地社会发挥了重要作用。

按照当前的有关规定，后期扶持工作在移民搬迁安置完成后立即开始实施。水库移民后期扶持规划由移民安置区县级以上地方人民政府编制，报上一级人民政府或者其移民管理机构批准后实施。经批准的水库移民后期扶持规划不得随意调整或者修改；确需调整或者修改的，应当报原批准机关批准。

后期扶持由省级移民机构统一负责，管理后期扶持实施工作，并组织对移民后期扶持工作的验收。

5

移民成功经验

　　水电水利工程建设征地一般涉及移民数量较大，影响情况复杂，对移民生产生活造成的破坏在较短时期内难以得到恢复。因此，中国政府一直以来都非常重视水库移民工作，成功提出中国水电水利工程坚持开发性移民的方针，采取前期补偿补助与后期扶持相结合的办法，有效地解决了移民安置及可持续发展问题，促进了移民安置区经济社会发展，同时也推动了水电开发建设。

　　同时，经过改革开放后40多年的工程实践，中国已成功建立了适应于中国国情的移民安置管理体制机制，建立健全了覆盖移民安置全生命周期的技术控制标准体系，加强了移民安置全过程的技术控制，更加重视公众参与、文化遗产保护，关注少数民族和弱势群体帮扶和权益保护，紧紧围绕移民可持续发展，各方参与精心组织，科学谋划移民搬迁安置和生计恢复措施，超前拟定切实可行的移民规划方案，规划指导移民安置实施工作，移民工作规范有序。

5.1　科学合理界定处理范围

　　水电工程建设征地包括直接影响范围和间接影响范围。对于工程直接占地影响范围，中国已形成了一套全面、科学、可操作的技术标准和处理方法，广泛应用于各类水电水利工程建设征地处理范围的界定。对于间接影响范围的界定，因造成影响的原因较复杂，受影响程度也不同，影响损失不易量化或结果难以预测，如水库蓄水后可能会造成下游某些区域饮水困难或水生生态环境发生变化等，因此很难从地理边界上直接认定处理范围；但对于间接影响范围的处理，目前中国水电行业技术标准作了相关规定和说明，如间接影响区实物指标的调查类别、移民安置规划项目或补偿补助费用的计算等都予以了综合考虑。

在科学合理界定水电工程建设征地范围方面，中国技术标准在确保安全的基础上，体现了经济合理性，具体表现在两个方面：一是强调多方案比选论证，如在确定建设征地范围前应首先论证施工总布置和正常蓄水位选择，并提交两份专题报告，报告中要求提出至少两种以上的方案进行比选，经咨询机构审查确认后作为范围界定的重要依据；二是中国水电行业专家经过多年的实践，在水库淹没影响区界定方面，根据受影响对象的重要性、影响程度进行分类处理，如农村移民居住点由于涉及人身安全，采用较高的防洪标准，一般采取建库后20年一遇洪水回水线作为住房的处理红线；对于耕（园）地，由于考虑到资源的利用和减少对涉及居民的影响，一般采取建库后5年一遇洪水回水线作为处理红线；林地由于林木一般较耐水淹，通常按正常蓄水位作为其处理红线；位于水库库岸不稳定区的居民点一般纳入搬迁范围；对于水库库岸不稳定区的土地，分土地类别（耕地、林地等）、影响性质（滑坡、浸没等）和影响程度采取征用、防护等措施处理。通过分类处理，尽量避免了应该处理而不处理或者可不处理却处理了的情况。从当前中国运行中的水电工程来看，还没有因水库淹没影响区范围界定不合适而引起的重大安全事故或社会稳定事件。这也充分表明，在范围界定方面，中国的经验做法是科学合理、经济可行的。2007年国家能源局颁布实施了《水电工程建设征地处理范围界定规范》（DL/T 5376—2007），作为中国水电站建设征地处理范围界定的统一规定。

5.1.1　开展方案技术经济论证，尽量减缓工程影响

在工程前期技术经济论证过程中，中国的技术专家一般会把尽量减少工程影响作为开展论证工作的基本原则。通常在坝址、坝型、正常蓄水位、施工总布置等工程方案的论证和比选时，会综合考虑地质、施工、水文、移民安置和生态环境保护等因素，尤其是在涉及敏感性强、不可替代、不能受淹的重要影响对象时，如果工程保护措施无法满足要求，一般会采用降低正常蓄水位、调整施工总布置或采取其他工程措施等方式进行合理避让，以尽量降低工程建设征地处理对当地社会经济发展的负面影响。

案例 5 - 1　龙滩水电站

龙滩水电站位于广西壮族自治区天峨县境内的红水河干流上，下距县城约 15km，是红水河梯级开发中规模最大、水库调节性能好的骨干工程。工程开发主要任务是发电，同时具有防洪、航运、水产养殖等综合利用效益。水库正常蓄水位 375m，相应水库库容 162.1 亿 m³；电站总装机容量 4200MW，多年平均年发电量 156.7 亿 kW·h。

根据工程规模论证阶段进行的抽样调查，水库 375～400m 水位淹没影响贵州、广西两省（自治区）11 个县（区）约 5.33 万人，房屋面积约 200 万 m²，土地面积约 1.77 万 hm²（其中耕园地 0.42 万 hm²），县城 1 座、集镇 4 座，等级公路 173km。因该电站 400m 水位方案淹没涉及大量人口、房屋、耕（园）、城市集镇及重要专项设施，淹没损失巨大，且贵州省人民政府提出 400m 水位淹没涉及县城为贵州省早熟蔬菜基地，淹没对全省蔬菜产业影响大，建议对其进行避让。为推动水电站建设，降低移民安置难度，原国家能源部提出了电站按"400m 设计，近期按 375m 建设"的建设方案。2001 年，该水电站按"400m 设计，近期按 375m 建设"方案编制的可行性研究报告通过国家发展改革委的核准，既保证了水电站的综合效益，又综合考虑了水电站对库区的影响，实现了可行性与经济性的结合。

案例 5 - 2　观音岩水电站

观音岩水电站是金沙江中游河段水电开发一库八级方案的最后一个梯级，坝高 168m。水库正常蓄水位 1134m，相应库容 20.72 亿 m³，水库上游回水长约 95.8km；电站装机容量 3000MW，多年平均年发电量 120.68 亿 kW·h。

电站河段塘坝河支流地形平坦，人口稠密，耕地众多，土壤肥沃，水源、光热资源，各种农作物产量均较高，是华坪县的重要粮食主产区。塘坝河支流上的一个乡的煤炭资源储量丰富，是华坪县著名的煤炭生产区，工商业相对发达，分布有众多的工矿企业，从 20 世纪 90 年代初，华坪县就开始在本区规划兴建工业园区，基础设施条件已具备，进驻工业园区的大中型工矿企业有 10 余家，且华坪县城位于这一区域。

为科学合理开发该河段水能资源，避免对塘坝河支流的影响，降低移民安置难度，方案论证阶段拟定了上、下坝址方案进行比选。上坝址位于支流塘坝河河口上游约 1km 处；下坝址在塘坝河河口下游约 1km 处。经分析，上坝址避开了对支流塘坝河流域淹没影响，无重要敏感对象，水库淹没损失较小。下坝址水库淹没涉及支流塘坝河流域，淹没人口增加 5561 人，生产安置人口增加 27168 人，因华坪县后备资源不足，移民安置难度大，且涉及对大量工矿企业的处理。为避免工程建设对塘坝河流域众多对象造成影响、减少淹没损失、降低移民安置难度，最终推荐采用上坝址方案。

5.1.2 经济合理界定水库淹没处理范围

水库淹没处理范围细分为经常淹没区和临时淹没区。临时淹没区主要根据不同淹没对象对应的相应频率洪水回水水位或风浪爬高或船行波的影响综合确定。不同受淹对象设计确定的洪水频率标准为：房屋一般按建库后 20 年一遇洪水回水、耕（园）地一般按 5 年一遇洪水回水确定。相应频率洪水回水和风浪爬高主要根据该河段长系列的水文地质资料和库区相关气象资料计算确定，出于安全考虑，在同一断面处取上述两者的较大值作为淹没处理红线。相比按正常蓄水位直接加一定的安全超高值的做法，采用水库淹没洪水回水方式拟定的水库范围既确保了移民群众生命财产的安全，又避免了安全超高值难以确定的问题，即：如果安全超高值取得过大，则范围界定得过大，对工程而言将增加不必要的投资成本；如果安全超高值取得过小，则会出现该处理而未处理的情况，势必将造成库周安全威胁。

案例 5 - 3 缅甸滚弄水电站

缅甸滚弄水电站为怒江出我国国境后的第一个梯级电站，该水电站采用了中国技术标准确定水库淹没处理范围。

缅甸滚弄水电站淹没范围，如果按照正常蓄水位来确定，则计算的处理范围过小，如果按照前阶段的做法在正常蓄水位以上提高 3～5m，在坝前回水不明显的地段是比较安全的，但是在库尾回水比较明显的地方又不够安全。以 20 年一遇洪水为例，在水库末端的回水计算高程为 529.8m，水库正常蓄水位为 519m，高出正常蓄水位 10.8m。

由于滚弄水电站位于中国国境附近，电站坝址距离最近国内口岸较近，设计单位在设计过程中考虑利用中国在该区域的一系列水文资料，在滚弄水电站淹没范围的确定过程中，采用了中国淹没范围的界定方法，保证了淹没范围的相对安全和可行，也取得了国际同行和当地政府以及居民的认可。目前，有中国公司在东南亚投资建设的水电工程也在应用和推广相关设计理念，并取得了当地政府和群众的认可，效果明显。

5.1.3 合理布置枢纽工程建设区，尽量节约用地

土地资源是不可再生的稀缺资源，中国人多地少，保护耕地、节约集约用地是当前中国土地管理的基本要求。

为了贯彻国家土地用途管理的要求，根据水电工程枢纽工程建设区用地性质和是否可恢复土地原用途的角度，对枢纽工程建设用地进一步细分为永久用地和临时用地。根据相关规定，临时用地在工程施工结束后，项目法人或委托的其他相关单位应按要求开展土地复垦以恢复原来的使用条件和用途，并交还给原权属人或权属单位，保护土地资源。另外，在施工布置上应整体考虑各分部分项工程施工工序，尽可能重复布置或永临结合布置，以节约用地，如渣场可布置在库汊或库尾临时淹没区等位置，施工承包商营地可结合移民安置规划综合利用布置等。

案例5-4　西藏藏木水电站

西藏藏木水电站涉及3个渣场，其中1号渣场占地4.67hm²，2号渣场占地6.96hm²，3号渣场占地26.69hm²。项目处于高原高山峡谷区域，耕地资源较为稀缺，基本上位于河谷地区。该水电站建设征地涉及区域的耕地较为集中，主要分布在河流两岸台地，为减少工程建设对当地农业的影响，移民专业与施工专业沟通，将1号渣场和2号渣场布置在水库淹没区范围内，减少了电站枢纽工程建设区占地面积，且可通过土地复垦措施新增部分耕地，取得了较好的效果。

5.1.4 合理确定水库影响区范围

水库影响区虽然不受水库直接淹没影响，但一旦忽视，水库蓄水后将会同样造成较大损失，将给水库周边居民的生命财产安全带来重大影响。因此，中国规范对其范围界定也作出了规定，如因水库蓄水引起的滑坡、塌岸、浸没、岩溶内涝、水库渗漏的区域，需根据地质勘察成果影响实物

对象类别，（人口、土地）分别划定范围；而对于因工程引水导致河段减水造成生产生活引水困难、必须处理的影响区域，以及水库蓄水后失去基本生产、生活条件而必须采取处理措施的库周及孤岛等其他受水库蓄水影响的区域，主要通过对生产、生活条件影响程度进行分析，结合采取的减免影响措施划定范围。

5.2 全面准确调查实物指标

移民影响实物调查是移民工作的重要环节，是移民安置规划的重要基础，是移民安置实施的基本依据，并涉及移民的切身利益。中国水电工程非常重视建设征地实物指标调查工作，《大中型水利水电工程建设征地补偿和移民安置条例》明确要求实物指标应当全面准确。

5.2.1 逐项调查，确保调查内容全面准确

鉴于实物指标调查工作的重要性，调查工作一般由地方政府组织，政府有关职能部门和项目法人参与，设计单位技术负责，共同组成联合调查组，在征地涉及对象权属人的参与下进行。各利益相关方相互见证，各负其责，确保实物指标调查工作公平、公正、公开。

实物指标调查登记的内容涵盖人口、房屋及附属设施、土地、专业项目等。

（1）人口调查。为准确登记移民人口，中国的做法是，居住的住房在项目建设征地处理范围内的、有户籍的常住人口及该户未登记户口的新生儿、户口临时转出的军人、学生等才能被确认为移民，以家庭户口簿和房屋产权证为主要凭证进行人口调查登记。对于无户籍的婚嫁常住人口、有户籍无住房人口、有住房无户籍人口，是否转为移民人口，要根据省级政府的规定执行；对突击迁入的人口或其主房不在项目建设征地范围内的人口均不予确认为移民。对于确认为移民的，将逐户逐人登记其家庭成员的主要信息，如姓名、与户主的关系、年龄、职业、受教育程度等。

（2）房屋及附属设施调查。位于项目建设征地实物指标范围内的全部房屋及附属设施均需全面逐项清理，逐栋分结构丈量，并按权属单位或个人登记造册。

在房屋调查时，对水库淹没界线以上的吊脚楼，如果其吊脚在淹没界线以下，且水库蓄水后可能影响房屋结构安全的，该房屋也应作调查[图 5-1（a）]。对于主房在项目建设征地范围内而有部分杂房或附属设

施在建设征地范围外的［图5-1（b）］，应结合移民安置规划情况确定是否调查登记，如果采取就近后靠安置，则无需调查其征地红线外的附属设施；采取远迁安置的，则在调查其房屋时一并调查其位于征地红线外的附属设施。对正房在建设征地红线范围外，杂房、附属建筑及设施在红线范围内的，只调查受影响的杂房、附属建筑及设施，不登记人口［图5-1（c）］。

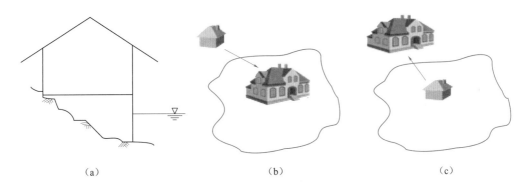

（a） （b） （c）

图5-1 实物指标计列范围示意图

另外，为充分考虑移民的利益，对受项目影响的砖木房、板木房、土混房和土木房等农村非标准房屋的多层建筑物，中国做出了特殊规定：

1）对斜坡屋顶和"人"字形屋顶的多层房屋的顶层，楼层层高可取楼板至屋面与外墙接触点的最低高度（图5-2）；对"人"字形屋顶可按屋脊的水平投影线将楼层分开，分别计算层高和建筑面积。对未达到国家规定的标准层高（一般为2m）的木结构、土木结构和砖木结构等三类房屋，按一定的层高系数予以量测面积。

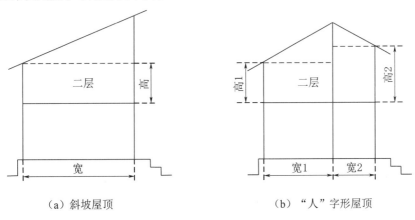

（a）斜坡屋顶 （b）"人"字形屋顶

图5-2 多层建筑顶层层高取值示意图

2）对楼板、四壁、门窗完整者，楼层层高在 2.0m 以上（含 2.0m）的，按该楼层的整层面积计算；对楼板、四壁、门窗完整，楼层层高为 2.0～1.8m（含 1.8m）的，按该楼层整层面积的 80% 计算建筑面积；对楼板、四壁、门窗完整，楼层层高 1.8～1.5m（含 1.5m）的，按该楼层整层面积的 60% 计算建筑面积；对楼板、四壁、门窗完整，楼层层高 1.5～1.2m（含 1.2m）的，按该楼层整层面积的 40% 计算建筑面积；对楼层层高在 1.2m 以下的，不计算建筑面积。楼层层高系数见表 5-1。

表 5-1　　　　　　　　　楼 层 层 高 系 数 表

层高 h/m	系　　数	备　　注
$h \geqslant 2.0$	1.0	
$1.8 \leqslant h < 2.0$	0.8	
$1.5 \leqslant h < 1.8$	0.6	楼板、四壁、门窗完整
$1.2 \leqslant h < 1.5$	0.4	
$h < 1.2$	0.0	

注　1. 层高 h 指屋地面至第一层楼板上表面、下层楼板上表面至上层楼板上表面及楼板上表面至屋面与外墙的接触点（坡屋顶为纵外墙或山墙最低点）的高度。

　　2. 上述层高系数的处理，仅适用于建设征地影响范围内的砖木房、板木房和土木房。

（3）土地调查。主要调查土地利用现状，调查内容包括地类界线、行政界线、土地权属和面积等。调查时，综合运用实地调查统计、电子测量计算、遥感解译技术、地理信息技术等手段进行土地调查，调查成果落实到最小权属单位。权属到村民小组的土地，以村民小组为单位进行调查；权属到村民委员会的土地，以村民委员会为单位进行调查；国有土地以地块为单位进行调查，对于使用权明确的国有土地调查到使用权属单位，并调查国有土地使用权取得方式。

（4）专业项目调查。对建设征地红线范围内的工矿企业、公路、桥梁、水利、电力、电信、广播电视、库周交通、文物古迹和矿藏资源等专业项目的调查一般由各有关专业项目主管部门、权属人提供设计、验收、统计、财务等资料，联合调查组在现场持图、重点对该专业项目的现状规模、标准、功能情况，企业的生产经营情况进行现场核实登记。

5.2.2　张榜公示，确保实物指标信息公开透明

为保证实物指标成果公平公正，中国现在通行的做法是要求对调查取

得的实物指标成果进行张榜公示（图5-3）。在相关的技术标准中已明确张榜公示的内容、公示的范围和公示的程序等。

一般来说，一个村范围内的建设征地影响实物指标调查结束后，实物指标调成果以财产所有者为单位逐级汇总。调查成果汇总后，由实物指标调查工作组提请调查涉及区域县（区）人民政府按有关规定和程序，以张榜公布等方式对调查成果进行公示，接受移民群众和社会监督。县（区）人民政府应在实物指标公示的同时，公布公示问题申诉处理机构、负责人、地址及联系方式等。

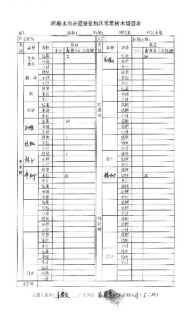
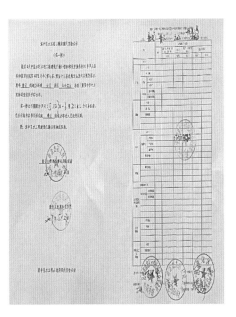

图5-3　实物指标成果公示与确认

5.2.3　发布停建通告，切实维护各方利益

在中国过去的工程实践中，部分人员为了获得更多的收益，在实物调查工作开展前会突击建设项目和迁入人口，如连夜栽种树木或边调查边修建一些临建设施等，造成了重复建设和资源浪费，增加了工程成本，造成移民补偿纠纷，以及相互攀比和矛盾。因此，中国颁布实施的《大中型水利水电工程建设征地补偿和移民安置条例》规定，在实物指标调查工作开始前，工程占地和淹没区所在地的省级人民政府应当发布禁止在工程占地和淹没区新增建设项目和迁入人口的通告（图5-4）。停建通告发布的条件，一是项目建设征地处理范围已确定，二是工程建设征地实物指标调查

细则及工作方案已完成征求意见。

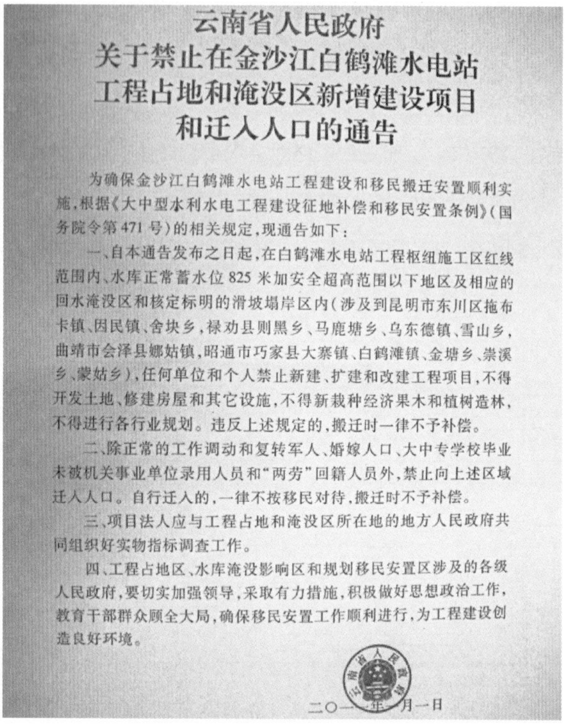

云南省人民政府
关于禁止在金沙江白鹤滩水电站
工程占地和淹没区新增建设项目
和迁入人口的通告

为确保金沙江白鹤滩水电站工程建设和移民搬迁安置顺利实施,根据《大中型水利水电工程建设征地补偿和移民安置条例》(国务院令第471号)的相关规定,现通告如下:

一、自本通告发布之日起,在白鹤滩水电站工程枢纽施工区红线范围内、水库正常蓄水位825米加安全超高范围以下地区及相应的回水淹没区和核定标明的滑坡塌岸区内(涉及到昆明市东川区拖布卡镇、因民镇、舍块乡,禄劝县则黑乡、马鹿塘乡、乌东德镇、雪山乡,曲靖市会泽县娜姑镇,昭通市巧家县大寨镇、白鹤滩镇、金塘乡、崇溪乡、蒙姑乡),任何单位和个人禁止新建、扩建和改建工程项目,不得开发土地、修建房屋和其它设施,不得新栽种经济果木和植树造林,不得进行各行业规划。违反上述规定的,搬迁时一律不予补偿。

二、除正常的工作调动和复转军人、婚嫁人口、大中专学校毕业未被机关事业单位录用人员和"两劳"回籍人员外,禁止向上述区域迁入人口。自行迁入的,一律不按移民对待,搬迁时不予补偿。

三、项目法人应与工程占地和淹没区所在地的地方人民政府共同组织好实物指标调查工作。

四、工程占地区、水库淹没影响区和规划移民安置区涉及的各级人民政府,要切实加强领导,采取有力措施,积极做好思想政治工作,教育干部群众顾全大局,确保移民安置工作顺利进行,为工程建设创造良好环境。

二〇一 年 月一日

图5-4 停建通告

停建通告的发布明确了项目建设征地实物指标调查的截止时间,可以减缓移民在实物数量上的攀比和抱怨,有效控制过去那种抢栽抢种抢建的现象,为业主控制投资提供了基础,切实维护了移民和项目法人的利益。

同时,考虑到停建通告对项目影响区域经济社会发展的限制,大部分省级人民政府对停建通告的有效期进行了规定。如四川省在《四川省大中型水电工程移民工作条例》对停建通告的有效期进行了如下规定:

停建公告有效期包括工程项目建设征地移民规划期和实施期。规划期为停建通告发布之日起至移民安置规划批准之日止。中型工程为1年,其中移民人口1000人以上的中型工程为2年;大型工程为2年,其中移民人口1万人以上的大型工程为3年。实施期为移民安置规划批准之日起至工程建设竣工验收止。停建通告发布后,在规定期限未能批准移民安置规划的,项目法人或项目主管部门应及时逐级申报,经省人民政府批准后可适当延期,但延期时间不得超过1年。每个工程项目只能申报办理一次延期,确需延长停建通告有效期或中止停建通告的，项目法人或者项目主管部门应按原程序上报省人民政府批准。

5.2.4 动态管理，切实维护移民合法权益

水电站建设从前期规划到实施交付一般需经历较长时间，随着时间推移实物也会发生变化，时间间隔越长，变化量越大，为使其反映实际情况，使移民得到应有的补偿，切实维护其合法权益，前期规划设计阶段实物调查完成后，离项目核准建设时间间隔较长的工程，需开展实物指标复核，并以复核确认的实物成果登记建卡。

5.3 依法依规合理补偿补助

依法治国是中国的基本方略，"依法补偿、公平合理"是水电工程建设征地移民安置补偿补助的核心理念。随着中国土地征收补偿制度、水电工程移民安置政策的不断完善，中国水电工程建设征地移民安置补偿补助已建立一套较为完善的政策规定和技术标准体系，并形成了前期充分论证、足额计列建设征地移民安置补偿费用，实施阶段动态调整的补偿补助机制。在移民安置实施过程中，中国水电工程所计列的补偿项目，以及补偿补助标准和补偿费用的计算与调整，均体现了依法依规合理补偿补助的特点。

5.3.1 围绕移民安置活动，依法依规合理补偿补助

中国水利水电工程移民安置实行开发性移民方针，采取前期补偿、补助与后期扶持相结合的办法。因此，通常所说的建设征地和移民安置补偿是针对"前期补偿、补助"而言的，不等同于简单的赔偿，不是单纯的"拿钱走人"。总的来说，中国对移民的补偿体现在两个方面：一是对项目影响所受损失的实物补偿；另一方面是围绕移民安置活动（生活家园的重建和生产恢复建设）所计列的补偿补助。因此，水电工程建设征地和移民安置补偿既包括对项目影响损失的实物补偿，又包括对移民安置重建所需费用的补偿补助，还包括上述活动中发生的工作经费等。

对受损失的实物的补偿主要是对不能搬迁的固定财产的补偿，主要包括对所征收土地的补偿，房屋及其附属设施的补偿，零星树木的补偿等。其中，土地补偿主要根据《中华人民共和国土地管理法》和《大中型水利

水电工程建设征地补偿和移民安置条例》的有关规定执行。农村土地征收补偿一般由土地补偿费、安置补助费、青苗补偿费构成。土地补偿费一般为该耕地被征收前三年平均年产值的6～10倍，每一个需要安置的农业人口的安置补助费为该耕地被征收前三年平均年产值的4～6倍，而《大中型水利水电工程建设征地补偿和移民安置条例》规定土地补偿费和安置补助费的倍数为16倍，但按规定支付的土地补偿费、安置补助费尚不能使需要安置的移民保持原有生活水平的，还可增加安置补助费；有些省区的土地补偿费用执行片区综合单价。对房屋及附属设施一般按照重置成本价予以补偿，同时还对原住房的装修给予适当补偿，但是对按重置成本价计算的房屋补偿费不足以修建当地基本住房的移民，计列建房困难补助，使其能够建起基本用房。其他受损失实物的补偿均按照省级相关部门公布的政策执行。安置点基础设施和公共服务设施的建设费用，主要依据相关行业规定标准配置计列，由项目业主承担。这样做将有助于为移民实现与安置地的同步发展提供基础条件。

5.3.2 随着经济社会水平的发展，不断改进费用的计算方法

水电工程建设征地涉及的补偿补助项目门类众多，情况纷繁复杂，从新中国成立至今，通过不断的实践，中国水电工程建设征地和移民安置补偿的政策规定和相关费用编制的技术标准日趋完善，水电工程建设涉及的征占用土地的补偿、房屋及附属建筑物等项目的补偿原则、补偿标准计算方法等日趋合理，既体现了补偿的依法依规要求，又满足了移民安置恢复生产生活的需要，下面以房屋补偿、征地补偿和专业项目补偿为例予以说明。

5.3.2.1 房屋补偿费用

早在20世纪50年代的新安江水电站进行初步设计时，最先提出的农村房屋补偿单价就是按照"重造价"计算。但限于当时中国薄弱的经济状况，最终还是采取了以"时值价"为基础计算，即在房屋总价扣除折旧费用后的剩余费用基础上计算房屋补偿费用。

《水利水电工程水库淹没处理设计规范》（SD 130—84）规定房屋补偿费用按原有建筑面积和质量标准，扣除可利用的旧料后的重建价补偿。《水电工程水库淹没处理规划设计规范》（DL/T 5064—1996）也没有太大的变化，具体规定为：房屋及附属建筑物补偿费，按照调查的建筑面积、结构类型和质量标准，扣除可利用的旧料后的重建价格计算。直到2000年之前，

房屋及附属建筑物的补偿费用，一般是在新造价的基础上考虑折旧、旧料回收利用后编制的。2000 年以后，特别是对 DL/T 5064—1996 进行修订过程中，随着国家对民生关注度的提高，房屋补偿逐渐演变成按建设征地区的房屋结构类型、安置地条件和价格水平测算的新造价进行补偿。《水电工程建设征地移民安置规划设计规范》（DL/T 5064—2007）对房屋补偿，从项目划分到基础价格、项目单价都做了系统全面的规定，即房屋补偿费用单价按照典型设计重置成本的成果分析编制，不考虑折旧，也不考虑旧料利用。

由此可见，房屋补偿费用的计算方法日趋合理，既体现了移民重建房屋的实际成本需要，又兼顾了不同房屋之间的补偿公平。

5.3.2.2　征收土地补偿费用

根据现行的《大中型水利水电工程建设征地补偿和移民安置条例》，大中型水利水电工程建设征收土地的土地补偿费和安置补助费，实行与铁路等基础设施项目用地同等的补偿标准，按照被征收土地所在省、自治区、直辖市规定的标准执行。根据《中华人民共和国土地管理法》，土地补偿费和安置补助费尚不能使需要安置的农民保持原有生活水平的，经省、自治区、直辖市人民政府批准，可以增加安置补助费。根据上述法律规定，在《水电工程建设征地移民安置补偿费用概（估）算编制规范》（DL/T 5382—2007）规定：征收土地，应按照被征收土地的地类和省、自治区、直辖市规定的标准给予补偿。对生产安置规划投资高于根据《大中型水利水电工程建设征地补偿和移民安置条例》计算的征收土地补偿费用部分，根据国家和省级人民政府有关规定，采取的补充措施计列生产安置措施补助，以满足移民保持原有生活水平的需要。因此，水电工程建设征收土地，除按照各经省、自治区、直辖市人民政府批准征地补偿标准给予足额补偿外，还需结合移民生计恢复措施，进行费用平衡分析，对于土地补偿费不足部分可增加计列生产安置措施补助费，征地补偿费用的计算原则和计算方法充分体现了水电工程征收土地的依法依规补偿和保障移民生产安置需要的特点。

5.3.2.3　专业项目处理

根据现行的《大中型水利水电工程建设征地补偿和移民安置条例》，被征收土地上的附着建筑物按照其原规模、原标准或者恢复原功能的原则补偿，这也是中国水电工程在处理受影响专业项目时一贯坚持的"三原"原则，即"原规模、原标准或恢复原功能"是水电工程专业项目补偿处理的一项基本原则。该原则既要求遵循专业项目原有标准、原规模范控制投资，又要兼顾当地经济社会发展需要。随着中国经济社会的发展，专业项目处理的"三原"原则的内涵有了扩展，即：考虑专业项目的现状情况，其迁（复）建标准按照国家有关规定确定，现状情况低于国家标准的，应按国家标准低限执行；现状情况高于国家标准高限的，按国家标准高限执行。同时，对于地方需要扩大规模、提高标准的项目，可研究考虑合理的投资分摊，统筹规划设计。因此，专业项目处理的"三原"原则其立足点已不再限于计算补偿投资，更加强调与区域经济社会快速发展相协调。

5.3.3 强化设计变更处理，适时调整建设征地移民安置补偿费用

20 世纪 80 年代，随着中国经济体制改革的逐步展开，1984 年 9 月国家计委等中央部门联合颁布了《基本建设项目投资包干责任制办法》（计基〔1984〕2008 号），并在此基础上于 1984 年 12 月颁发了《关于征用土地费包干使用暂行办法》[（84）农（土）字第 30 号]，将水库移民安置实施的主体责任明确交由地方政府负责。根据《国家计委关于印发水电工程建设征地移民安置工作暂行管理办法的通知》（计基础〔2002〕2623 号）第三条规定，国家对水电工程建设征地移民工作实行"政府负责、投资包干、业主参与、综合监理"的管理体制。这段时期的水电工程建设征地移民安置工作实行包干制，由有关地方人民政府与水电工程项目法人签订移民安置任务和补偿投资包干协议，并由地方政府根据协议负责包干实施。这一时期实施阶段的移民安置虽然实行费用包干制，但仍然可以结合工程建设和移民安置的实施情况，履行设计变更程序，对补偿费用进行适度调整，满足移民安置的需要。

自新的《大中型水利水电工程建设征地补偿和移民安置条例》颁布实施以来，补偿费用调整的管理程序逐步得以进一步规范。该条例规定：经批准的移民安置规划是组织实施移民安置工作的基本依据，应当严格执行，不得随意调整或者修改；确需调整或者修改的，应当依照条例规定重新报批。目前，四川、云南、浙江等多个省级移民主管部门都出台了关于实施阶段设计变更和移民安置规划调整管理的相关规定，旨在维护审定的移民安置规划的重要性和严肃性，规范实施阶段设计变更行为，进而有效管理移民安置进度和费用。

案例 5 - 5　公伯峡水电站

公伯峡水电站可行性研究审定的移民规划投资为 3.9069 亿元，经实施阶段调整后实际移民投资为 8.4940 亿元。公伯峡水电站实施阶段征地移民费用的增加主要是由于政策变化、移民规模变化以及一些不可预见的因素导致。例如在 2004 年 8 月水库下闸蓄水后，随着库水位的不断升高，库区两岸不同程度地发生了浸没、塌岸、淤积以及沉陷变形等问题，导致水库影响范围增加，同时水库蓄水抬高地下水后引起地表沉陷和房屋受损，这也导致移民规模的扩大。实施过程中及时处理了这些变更项目，增加了相关费用。

5.4　超前谋划，精心组织移民搬迁

中国一直重视移民前期规划设计，超前谋划移民安置工作。从 20 世纪 80 年代开始，到 21 世纪以后的不断创新和逐步完善，形成了一套完整的水电站工程移民前期规划设计技术标准体系，为规范移民安置规划工作提供了全面的技术支撑，加强了移民安置规划重点环节的技术控制。超前谋划主要包括农村移民安置规划与设计、城市集镇迁建规划与设计、专业项目处理规划与设计、水库库底清理规划与设计以及建设征地移民安置补偿费用的测算等。在超前谋划过程中，重视公众参与，尤其注意征求移民的意见，使规划方案更加符合移民的意愿，利于区域经济的发展。

同时，在移民安置实施阶段，各级地方政府将移民安置作为一项重要工作予以高度重视。当前，各省（自治区、直辖市）均自上而下设立了专门的移民管理机构，安排了专门的工作人员，牵头组织相关部门依据规划设计成果，结合实施时的经济社会条件，依法依规精心实施移民搬迁安置工作，保障了移民的合法权益，促进了中国水电开发建设的顺利进行。

5.4.1　超前谋划搬迁安置规划设计

5.4.1.1　因地制宜高标准建设农村移民安置居民点

一般来说，水电工程建设影响的农村移民占绝大多数，这部分移民的个体差异较大，安置难度也较大。如果安置条件与农村移民现状条件相当或低于现状水平，将难以使移民自愿搬迁。因此，为妥善安置农村移民，农村移民安置居民点的规划既要因地制宜，符合移民生产、生活的习惯，满足移民长居久安的需要，还要与时俱进，兼顾地方城乡发展规划，并考虑移民群众搬迁后的后续发展。

以金安桥水电站为例，在金安桥水电站古城区西哨移民安置点规划设计过程中，在充分尊重当地移民民意的基础上，不仅充分考虑了少数民族居住特点，还重点围绕新农村建设和全面建设小康社会的总体目标进行规划，创新移民安置思路，把安置点确定为新农村建设试点来进行规划；移民实行逐年长效补偿配置少量农用地，并结合建设特色小镇发展旅游业的方式进行安置。

案例 5 - 6 金安桥水电站古城区西哨移民安置点

金安桥水电站古城区西哨移民安置点（图 5 - 5）位于云南省丽江市古城区七河乡新民村的西哨小组，距七河乡政府 8.5km，距离古城区政府 27.5km。安置点海拔 2230～2250m，主要以白族、纳西族、苗族、彝族、傈僳族等少数民族人口居住为主，共安置移民 442 户 1858 人。

图 5 - 5 金安桥水电站古城区西哨移民安置点

结合安置点自然资源及气候情况，在充分征求移民意愿的基础上，移民搬到安置点后人均耕地面积大大减少，如果再采用传统的安置方式，移民将难以发展，所以提出了将移民安置规划与当地玫瑰园产业发展规划结合，在各项基础设施建设的规划中，突出基础设施的现代化、实用性以及对生态环境的改善，农村经济的发展以及移民生活质量的提升。同时，新的安置点规划了文化活动室、篮球场等设施，丰富了移民文化生活，尊重少数民族宗教信仰。

安置点形成了以"九色玫瑰"为品牌的玫瑰观光产业生态圈、爱情主题的全产业链生态圈、玫瑰深加工产业链，实现了"旅游兴村、产业富民"，真正实现了移民和谐稳定、增收致富。

5.4.1.2 超前谋划城市集镇处理方案，实施效果显著

在中国，移民安置形成的城市或集镇一般将成为一个区域的核心，为一个地区的人口、物流或政治文化中心，地位十分重要，其处理方案是移民安置规划研究的重点。对于被淹没影响的城市集镇，在前期规划过程中，通常要根据城市集镇受淹没影响的程度和建设条件，开展多方案技术经济比选，最终确定处理方案。在处理措施上有的采取工程防护措施，有的采取迁建处理，取得了良好的效果。如沅水干流9个已建水电工程规划防护工程76处，既有农田防护工程，又有集镇防护工程、县城防护工程及居民点防护工程，大量减少了搬迁人口，保护了土地资源，减小了移民工作难度。再如向家坝绥江县城的迁建，在考虑恢复县城原有规模的基础上，更多地考虑了县城未来发展规划，同时综合考虑进入集镇的农村移民，并且为县城未来发展预留一定的空间。

案例5-7 向家坝水电站绥江县城迁建规划处理

云南省土地面积广阔，但山高地陡，后备资源匮乏，加之云南省少数民族较多，民族区域性较强，城市集镇的集中迁建方案受到了严重的制约。为解决好移民安置，缓解移民安置环境容量的不足，对向家坝水电站淹没涉及的绥江县县城、屏山县县城及5个受淹集镇（大部分位于水库临时淹没或浅淹区范围）采取就近后靠复建处理，全部城市集镇复建与搬迁工作于2012年9月底全面完成。

2008年，绥江县委、县政府确定县城后靠规划。规划新县城总面积5.06km²，按功能和地形分为A、B、C和华峰4个组团，可安置5万人左右。在规划之初，县城被定义为长江上游经济带重要组成部分，是云南通往四川北部主要通道之一，是以向家坝库区绿色经济产业开发为主，集旅游、休闲、度假为一体的宜居、环境优美的水滨生态山水园林城市。规划

过程中城根据移民搬迁安置方案考虑扩容，结合《城市用地分类与规划建设用地标准》（GB 50137—2011）中人均城市建设用地面积指标，规划绥江县城规划用地约 393.60hm²，人均 102.48m²/人，大大超过原有搬迁规模标准。

规划在滨水景观带上形成文化展示与观光旅游区段，会展、饮食与生态旅游区段，娱乐与度假休闲区段。沿江规划布置了文化观光广场、文化广场、水岸步行街、露天剧场、游艇码头、会展中心、精品商业和特色饮食街区、湿地公园、市民广场、度假酒店、健身休闲娱乐中心等。滨水景观带横贯整个县城，贯穿 A、B、C 3 个组团，既是新县城最主要的景观带，也是新县城主要的旅游服务和商业带。

移民搬迁后，绥江县城面积达到了 5.6km²，人口有 5 万多人，加上 4 个乡（镇）的城镇人口，全县城镇化率在 33％左右（图 5-6）。

图 5-6　绥江县城迁建前后全貌图对比图

按照"竹海新城、山水绥江"的定位，全力打造移民新城，结合天然溪谷原有的自然景观条件创造天然原始的景观氛围，新县城由公园绿地、生产绿地、防护绿地、附属绿地、面山绿化组成一个较为完善的绿地系统，总绿地面积达 142hm²，占城市总建设用地的 30％以上。

5.4.2　适时动态调整相关补偿标准，满足移民搬迁安置的需要

由于水电工程建设周期长，移民安置工作一般分期分批实施，时间跨度较大。移民安置实施过程中，局部区域物价上涨较快，尤其是建材价格上涨幅度较大，因此，移民安置规划报告中原审定的房屋补偿标准难以满

足移民建房的需要。鉴于此，通常会根据移民建房时的物价水平适时调整相应的补偿标准，以满足移民搬迁安置的需要。

以向家坝水电站库区移民房屋补偿标准为例，见表5-2和图5-7，2006年审定了各类房屋补偿标准，2010年，在移民搬迁安置之前，设计单位根据《建设工程工程量清单计价规范》（GB 50500—2008）中对于建筑安装工程费和工程其他费按相关规范要求以及当时的物价水平，进行了第一次房屋补偿标准的调整。2012年10月，向家坝水电站下闸蓄水，考虑到两年来物价水平等的变化，各方结合搬迁安置的实际情况，提出对房屋补偿标准进行再次调整。2013年，设计单位按照已有的测算方法，对房屋补偿标准进行了再次调整。

表5-2　　　向家坝水电站库区移民历次房屋补偿标准调整情况

序号	结构类型	区域	2006年审定的补偿标准/(元/m²)	2010年审定的补偿标准/(元/m²)	2013年审定的补偿标准/(元/m²)
1	特殊框架结构		700	1121	1246
2	框架结构	城镇	637	1062	1161
		农村	665	1016	1112
3	砖混结构	城镇	386	849	974
		农村	428	813	935
4	砖木结构	城镇	310	577	685
		农村	320	567	673
5	木结构	城镇	290	549	611
		农村	300	527	587
6	土结构		260	442	550
7	杂房		110	161	198

在向家坝水电站移民安置实施过程中，设计单位根据实物指标复核调查成果和库区各县对于补偿补助标准的实际诉求，对房屋、附属设施、零星果木等多个项目补偿补助标准进行了重新测算和调整，并对补偿类别进一步梳理，形成房屋、附属设施、房屋装修、农村副业设施、零星果木、农村小型水利水电等类别。此外，还根据地方政府出台的相关移民政策并结合移民搬迁安置和实际情况，增列了无房户补助、困难户建房补助、房屋保温隔热补助、白蚁防治补助等多项补助标准。在参建各方的共同努力

图 5-7　向家坝水电站库区移民前后房屋建设实施情况

下，根据移民安置实施实际情况，设计单位依法依规适时动态调整了相关补偿补助，满足了移民搬迁安置的需要，有效保障了移民合法权益，促进了移民安置实施工作的顺利开展。

5.4.3　统筹规划配套基础设施，促进区域经济的发展

中国对受水电工程建设征地影响专业项目的处理一直坚持"三原"原则，其处理措施通常给予适当补偿或按"三原"原则予以迁（复）建，但在经济社会发展较快的地区已很难适应当地经济社会发展的速度。因此，在部分项目采取了统筹规划建设的措施。如糯扎渡水电站在开展思澜公路规划设计过程中，考虑到地方经济发展的需要，地方政府结合当地交通发展规划，整合水电工程补偿外的多个渠道的项目资金，在"三原"基础上，将公路的建设等级由三级提高为二级，大大提高了通行量和通行等级，实现了库周交通规划与地方经济建设的有效结合，提高了移民资金的综合利用效率。思澜公路建设既满足了水电站枢纽工程区建设的需求，同时兼顾沿线地方经济和公路交通建设的长远发展，有力促进了地方经济的发展。

5.4.4　精心策划组织移民搬迁实施

在中国，移民安置实施工作由地方政府主导，县级政府是移民安置实施的责任主体和实施主体。一般在移民安置实施前，地方政府会根据审批的移民安置规划，结合本辖区内的实际情况制定移民安置实施管理办法，包括移民搬迁组织、工程项目建设管理，移民安置，移民补偿补助兑付，移民资金使用管理等，并制定移民安置实施工作计划。为确保移民政策的

透明公开，使移民熟知安置相关政策，地方政府会通过各种渠道开展宣传工作，如平面媒体、视觉媒体、户外广告媒体、移动端等进行广泛宣传，同时，工作人员深入库区走访或召开座谈会，组织开展搬迁安置动员工作。如龙滩水电站为了推进移民搬迁进度，保障移民合法权益，2006 年 2 月，项目业主龙滩水电开发有限公司会同广西和贵州两省（自治区）移民主管部门共同制定和推出了面向移民工作者和移民群众的《龙滩水电工程移民政策宣传提纲》，较好地宣传了龙滩水电站概算调整的相关费用标准和其他一些特殊的补偿补助标准，既维护了库区稳定，也推进了库区移民实施进度。

另外，在移民搬迁安置过程中的宅基地分配是移民安置实施过程中的一大难点，往往成为影响移民建房进度的一大因素。如何做好移民宅基地分配工作，是涉及搬迁移民安置的地方政府在移民安置实施过程中的重要工作之一，特别是涉及集镇移民的宅基地分配，受周边公共设施、区位商业价值、交通因素的影响，更是移民关注的重点。如湖南沅水托口水电站，为做好移民搬迁安置工作，托口库区有关县（市）地方政府根据当地移民安置特点，结合国家相关移民安置政策标准，制定了符合当地实际情况的宅基地分配方案或实施细则等。如贵州库区天柱县发布了《瓮洞集镇新址移民住宅用地分配实施细则》，湖南洪江市发布了《托口新集镇住宅用地管理办法》（洪江市人民政府令第 7 号）。各县（市）的宅基地分配管理办法保障了移民宅基地分配工作的顺利进行，有效减少了移民矛盾纠纷，促进了移民搬迁。

为了做好移民搬迁安置工作，地方政府在机构效能、政策制定、政策宣传、宅基地分配、计划安排、生产资源配置、移民资金兑付等环节都进行精心筹划，保障了移民安置的顺利实施。

5.5　因地制宜，与时俱进恢复生产

农村移民生产安置规划是水电工程移民安置规划的重要内容和重点，是移民重建家园、恢复和发展生产的蓝图，也是保证移民安居乐业、库区长治久安的重要基础，是直接影响农村移民安置成败的关键因素之一。中国的水电工程移民安置不是单纯的经济补偿，而是通过恢复生计措施、不断提升移民自身"造血"功能，以实现移民自我发展、可持续发展的目标。中国水电工程农村移民安置一直以来坚持以有土安置为主的措施，符合农

村移民现实情况。近年来，随着中国经济的高速发展，各地根据经济发展及资源开发利用情况，创新移民生计保障措施，实现了多渠道多途径安置移民，取得了切实的效果。

5.5.1 科学拟定安置目标，保障移民生活水平不降低

中国颁布实施的移民安置条例要求移民安置后生活应达到或超过原有水平。因此，水电工程移民安置目标确定为搬迁前一年的生活水平。移民安置目标拟定前，一般要进行资料收集和家庭收入及结构典型调查，分析规划基准年的收入状况，并根据当地的发展规划预测规划设计水平年的安置目标值。目标值一般以人均纯收入、农作物产量等形式体现。围绕拟定的安置目标，结合安置区的资源情况及其开发条件和经济社会发展情况，配置生产资源，拟定生产恢复措施，以保证移民生活水平不降低，达到规划设定的安置目标。因此，水电工程一旦确定了安置目标，资源配置标准就相当重要，在土地资源丰富的地区，可以直接按征地前的标准给移民配置相当的土地资源；而在土地资源偏少的地区，可以配置少量的土地资源，再辅以其他措施，如就近创造其他二、三产业就业机会，或采取远迁到资源丰富、就业机会多的地区。总之，需要围绕目标想措施，以妥善安置移民。

案例 5-8 三峡工程生产资源配置标准

为了使移民在搬迁安置后的生产、生活不低于原有水平，并为移民生产、生活水平的不断提高创造条件，根据库区土地资源、地理、气候、水源、交通条件及移民心理特点等因素综合分析，三峡移民选择 600m 高程以下条件较好（含可改善条件）的 245 个乡镇的 1857 个村作为移民安置区；种植业安置标准按照粮田和果园人均 1.3～1.5 亩或菜地 0.4～0.8 亩，综合标准人均 1.0～1.4 亩；其他产业，根据现有的投入、产出和收入水平，分析确定安置一个劳动力所需要的投资，安置移民人数按一个劳动力供养 0.7～0.9 人进行计算和配置。通过上述安置标准，全库区用于安置移民的耕园地 251463 亩，种植业安置移民 196739 人，人均耕园地 1.28 亩。通过土地资源的合理配置，保证了移民搬迁安置后人均纯收入不低于国家同期的发展水平，实现库区移民稳定。

5.5.2 合理评估资源承载能力，确定移民环境容量

中国水电工程在确定移民安置去向前，应开展移民环境容量分析，要根据拟选择的移民安置区的自然资源和生态环境、风俗习惯、文化宗教、劳动力素质、安置区科技水平以及生产潜力等因素，科学合理地分析确定移民安置区环境容量，作为制定移民安置规划方案的重要基础。如向家坝水电站库区，重点考虑生计恢复的对象为农业移民。对于农业移民来说，耕地是其所依赖的重要生产资源，同时库区移民对种植橙类、柑橘、桂圆、荔枝等经济价值较高的作物比较熟悉。因此，采用人均耕地、园地指标对当地的土地承载力进行分析，并对屏山、绥江2县开展了土地承载力与农村移民安置专题研究。经分析，当地剩余土地资源无法安置全部农业移民，经进一步分析并结合移民意愿，规划采取"农业安置为主，二、三产业安置为辅"的移民生产恢复方案。

移民环境容量分析是建立在土地人口承载能力理论、适度人口理论等的基础上，通过找出移民安置现实可利用和有效的资源承载容量，既保证移民安置能够有充足的生产资源，又促进资源、环境向良性循环发展；不仅保证了规划的科学性与准确性，而且促进了库区可持续发展。实践证明，只有在库区资源、环境可持续发展的前提下，才能合理安置移民，农村移民才能实现"搬得出、稳得住、逐步能致富"的要求。

案例5-9　水口水电站环境容量分析

编制移民生产恢复方案的第一步是对村级剩余土地资源进行调查，也称为"移民安置环境容量调查"。移民环境容量调查是生计恢复方案的基础。水口水电站可提供移民恢复利用的丘陵地15074亩，果园7562亩，经济林地16862亩，植树造林地596848亩。对受影响村镇的土地资源以及同县可以划拨给受影响村镇的土地资源分别进行确认后，在逐村逐镇对可获得资源进行分析的基础上，为确保移民收入和生活恢复到搬迁前的水平，根据人均安置所需每类资源标准，测算可以安置的移民人数。经过环境容量分析，约56%的移民可仍从事传统农业，约23%的移民可从事果园、畜牧和渔业；约22%的移民需另谋出路，从事非农业生产，如到乡镇企业或其他服务行业就业。

5.5.3 创新移民生产恢复保障方式，多渠道安置移民

随着改革开放的深入推进，中国经济社会快速发展，加之生态环境保护的压力，可利用的耕地资源越来越稀缺。中国幅员辽阔，人多地少，经济发展程度不平衡，耕地资源分布不均。一般情况下，经济发达的地区的耕地资源偏少，偏远地区和经济发展落后地区的耕地资源较多。因此，在耕地资源偏少的区域仍坚持以农业安置为主的生产恢复措施面临着重大挑战。各地政府根据本地的经济条件和资源禀赋情况积极探索创新移民生计恢复保障措施。近几年来，多地已实行逐年货币补偿、养老保险、投资入股等措施，使移民长远生计得到保障。一般来说，在经济发展条件相对较好，第二、第三产业从业条件相对较好，农民对土地依赖程度较小的地区，可能更多地侧重于现金补偿和社会保障；而对于经济基础相对薄弱、农民对土地依赖程度较大的地区，为保障其就业和收入水平恢复，可能更侧重于提供土地等生产资料或采取长期收益方式进行安置，以保障其就业和收入。

案例 5-10 江边水电站创新养老保险安置方式

江边水电站移民安置，在有土安置为主的生产安置方式的基础上，创新提出了养老保险安置的方式，对 24 名老龄移民（男满 55 周岁，女满 50 周岁）办理了养老保险，实行养老保障安置，这在四川省大中型水电工程移民安置中尚属首次。该安置方式不但解决了当地土地资源紧张、移民配置土地困难的实际问题，而且切实保障了老龄移民的基本生活；同时，移民除按村组人均土地"两费"一次性缴纳养老保险费外，不足部分由县财政兜底承担，不增加移民的额外经济负担，赢得移民的信任，有效促进了移民安置工作的顺利实施。

案例 5-11 龙滩水电站创新耕地长期补偿安置

龙滩水电站库区人地矛盾突出，按 2008 年年底 7.00 万人计，如全部采取有土安置，只能在有限的耕地资源中采取降低耕地安置标准的办法，移民所能得到的耕地，无论数量、质量均比淹没前降低。在这样的前提下，库区地方政府及有关部门提出了对生产安置不落实的移民实行淹没耕地长

期补偿方式。补偿标准在 2009 年及以前,以耕地年产值水田 18712.5 元/hm²、常年旱地为 12757.5 元/hm² 兑现补偿;2009 年以后,按照两省(自治区)谷物、玉米价格变化因素,依据省级部门公布的价格指数,原则上每 3 年由两省(自治区)商龙滩公司对长期补偿标准进行一次调整。补偿时限自 2007 年 1 月 1 日起实施,到电站报废为止。目前耕地长期补偿正有序推进,移民生存发展的根本问题得到解决,为维护龙滩水电站库区的稳定提供了坚实保障。

5.5.4 采取政府协调,保障土地筹措到位

农业安置属于资源重新配置的一种土地替代方式,通过在安置区为移民配置一定数量的土地资源解决移民生产生活出路。依据移民环境容量分析结果和拟定的安置标准,落实用于移民安置的土地资源来源、地类、数量,并落实其权属是确保农业安置顺利实施的前提。土地资源筹措,不论是个别调整、重新分配或成片调整等,政府组织协调是关键。中国是社会主义公有制的国家,土地资源属于国家或集体经济组织所有,各级地方政府代表国家行使本辖区内的土地管理权限。根据规划确定的土地筹措方案,需要组织移民迁出地和安置地所在的集体经济组织协商落实安置地块,在这个过程中地方政府起主导作用,有效保障土地筹措落实到位,顺利推进移民安置实施。

5.5.5 加强移民后期扶持,促进移民后续可持续发展

对水电工程实施后期扶持是中国基于国家现实的经济条件,促进移民后续可持续发展的一项重要举措。根据现行的有关政策规定,对农村移民按照每人每年补助 600 元的标准,从其完成搬迁之日起扶持 20 年,对搬迁安置人口直接兑付到个人账户,对于生产安置人口一般实施项目扶持。通过移民后期扶持,取得了良好效果:一方面直接增加了农村移民收入;另一方面地方政府通过整合其他帮扶资金解决了移民生产生活存在的突出困难问题,进一步改善了库区和移民安置区基础设施和公共服务设施条件,促进了移民后续生产发展和就业增收,维护了库区和移民安置区的社会和谐稳定。

案例 5 - 12　三峡工程移民实施后期扶持政策

三峡工程移民享受的后期扶持政策：一是对农村移民按每人每年 600 元进行现金直补扶持，截至 2013 年 12 月底，累计拨付后期扶持资金 22.21 亿元；二是每年从三峡电站上网实际销售电量中按 8 厘/（kW·h）征收三峡库区基金，截至 2013 年 12 月底，共征收库区基金 28.81 亿元，专项用于三峡库区维护和管理、解决三峡工程移民的其他遗留问题、三峡库区及移民安置区基础设施建设和经济发展、支持库区防护工程和移民生产生活设施维护；三是按照属地管理的原则，将三峡水库农村移民纳入当地库区和移民安置区基础设施建设和经济社会发展规划，利用后期扶持基金结余资金，对移民进行项目扶持。

5.6　高度融合，促进可持续发展

可持续发展就是既考虑当前发展需要，又考虑未来发展需要，不以牺牲后代人的利益为代价来满足当代人的利益，其内涵包括经济、社会、环境的可持续发展。因此，主要从库区人力资本提升、产业升级、基础设施和公共服务设施及自然环境的发展方面，促进移民安置与区域社会可持续发展的融合。

5.6.1　移民安置促进人口集聚，推动库区人力资本提升

人口问题是影响区域可持续发展的首要因素。借助移民安置，库区人口实现空间、产业活动的集中。开展移民培训，又可提升库区人力资本。人口集聚和人力资本的提升，为库区区域经济发展提供了原动力。

5.6.1.1　移民安置促进库区人口集聚

人口集聚一般指人口在空间上的集中，但人口集聚还可以体现在人口在产业活动上的集聚。中国水电工程实践表明，移民一般采取政府统一集中安置或自谋出路分散安置，一部分人可能会迁移到建设征地范围以外，进集镇或城市安置。通过集中安置，大量移民人口进入集中安置点，促进了人口在空间上的集聚；另外，移民生产安置最初普遍采用"有土从农"安置，但随着经济社会的发展，非农安置、城镇安置、养老保障安置、逐

年补偿安置等安置方式被陆续探索出来并得到应用，越来越多的移民离开土地，从事第二、第三产业。在产业活动上，移民逐渐向第二、第三产业集聚。移民安置实施中，库区移民人口集聚，为城镇化和工业化提供丰富劳动力，为库区人力资本发展、区域经济发展提供了原动力。

5.6.1.2 移民安置推动库区移民人力资本提升

通过对移民专业技能的培训和人力资源的开发，增强其后续发展的内生推动力。移民在原居住地积累的生产技能一般难以在短时间内转化为适应安置地的劳动技能，尤其是从农业生产技能转型为非农业专业技能。因此，要开展移民人力资源培训，否则，难以真正让移民"搬得出，稳得住，能发展"。另外，支撑库区和移民安置区经济社会可持续发展的资本、资源、人力三大要素中，人力资源开发能够改变传统的生产函数边际递减而创造出更多的边际递增生产函数，即在生产条件不变的情况下提高劳动生产率。因此，移民人力资源开发，可以直接为区域经济社会注入发展动力。在中国水电工程移民安置实施过程中，比较重视通过移民培训提升移民人力资本。地方各级政府承担了组织开展移民培训的主体责任，而且移民搬迁安置后，此责任也未由于移民得到安置而灭失。

1. 制定移民技术培训规划

在移民经济恢复规划中，充分考虑库区人力资本提升，结合移民条件和发展愿望及区域经济发展对人力资源的需求等实际情况，制定切实可行的移民培训规划。

金沙江向家坝水电站移民经济恢复规划中，对移民培训进行了专门的规划。向家坝库区地处四川与云南交界的金沙江河谷区，经济结构以农业为主，部分移民除具备从事农业生产劳动的技能外，缺乏其他生产技能。工程建设占用耕地后，库区和外迁区均进行产业结构调整，部分移民将从事新的产业。根据向家坝水库移民生产安置规划的要求和移民发展的需要，必须对移民进行生产管理技能培训，提高劳动素质，保证移民规划方案的顺利实施。

向家坝水库移民培训以成人教育为基础，以提高农村移民文化素质和科技意识为根本，采取长期和短期培训相结合（表5-3），因地制宜，因材施教，使移民掌握一门以上的实用技术。

移民技术培训以短期技术培训为主，采用"送出去、请进来"的方式。

外出培训：对库区各种技术性强的生产项目，选拔具有初、高中文化程度的青年，送到有关专业院校或业务部门进行为期1～2年的长期培训，主要培训专业是果树栽培、农田水利、农业实用技术及大棚蔬菜生产等项目。

库区技术培训：主要是库区短期和现场指导示范培训，培训项目是农业实用技术、水果栽培、水产养殖的现场操作与管理、科普教育等，一般时间为1周。

表 5 – 3　　　　　　向家坝水库农村移民技术培训计划表

项　目	培训时间		培训人数/人		备注
	定期	短期	定期	短期	
1. 外出培训					
果树栽培与管理	1～2年		20		
农业实用技术	1～2年		12		
大棚蔬菜	1～2年		10		
农田水利	1～2年		12		
2. 库区技术培训					
柑橘栽培指导示范	3个月	1周	40	60	
其他果树栽培	3个月	1周	60	120	
农业实用技术	3个月	1周	80	100	
科普教育	1个月	1周	40	100	
3. 移民干部培训指导		1周		100	

2. 移民技术培训与区域经济发展的人力资源需求相结合

为了提升移民的后续发展能力，促进区域经济的发展，地方政府将移民培训与区域经济发展对人力资源的要求结合起来。这种做法在大中型水库移民实施阶段和后期扶持工作中取得了很好的效果。例如，四川省凉山州水电开发企业大力支持地方政府脱贫攻坚，开展了贫困户和移民的技能培训，努力实现每个家庭"一人就业整户脱贫"。2017年9月，凉山州举办了扶贫和移民技能培训班，旨在增强贫困群众和移民自我发展的内生动力，做到"志""智"双扶。技能培训的对象是凉山州境内的贫困群众和金沙江下游库区的移民，每次技能培训，凉山州各级政府均予以积极支持以及后续帮扶工作，培训学校也安排了师资和设备，采取切实措施提高学员的技能水平，积极做好学员技能资格认定和推荐就业工作。该期培训班共开设挖掘机、压路机、彝族刺绣和电子商务等专业课程。学校根据学员的实际情况制定了人性化、制度化、科学化的教学方法，并安排专业的教师队伍进行授课，通过理论加实际操作的模式确保每一位学员切实掌握相关的工作技能和职业素养。学员在学习完相关的课程之后参加考核，通过考核的学员能取得相应的认定证书，并通过推荐就业或自主择业走向工作岗位。

3. 后扶技术培训与产业发展相结合

随着库区经济社会不断发展，部分移民已不再满足于简单的打工式就业，而是希望通过创业提高生活质量，达到小康生活水平。这种需求反映了新时期移民工作的新变化，引导移民工作的新方向。因此，地方政府因势利导，顺势而为，紧密结合后期扶持的政策优势和资金投向，把提高移民创业就业作为移民后期扶持工作的重要抓手，积极推动移民智力扶贫与移民经济振兴。突出技能培训，保证移民创业就业能力的提高。突出技能培训就近就地转移就业＋劳务输出相结合的模式，促进创业与就业的结合。根据移民自身条件，采取"移民＋企业＋培训学校"的方式，既能在当地就业，增加经济收入，也能实现劳务输出。

多样化实施实用技术培训，尽快让移民实现角色转变。由最初的单一举办种植、养殖技术培训班到逐渐与库区产业相结合，根据库区产业发展要求，直接在库区产业基地开展培训，建立"移民—培训—企业（基地）"产业链，提高移民的产业开发水平。同时分批组织在当地具有辐射、带动作用的移民到农业示范区、种植大户和产业基地实地观摩，学习交流，开拓思路，增强直观感受，提高操作能力。积极引导移民参加网络教育培训，对就读职业技术院校的移民学员进行补贴，制定出台移民培训及劳动力转移挂钩的扶持政策等，有效缓解了库区移民居住分散、就业意愿各不相同、难以集中培训的矛盾，得到了移民的充分肯定。

4. 将移民培训纳入地方人力资源开发体系

（1）完善移民人力资源开发基础教育体系。教育是形成人力资本最直接的途径，建立移民人力资源开发基础教育体系，从移民中的年轻一代抓起，积极利用国家相关政策支持移民安置区教育基础设施建设，扩大基础教育受众基数。另外，针对移民成年群体文化素质低、劳动技能缺乏现象，创建灵活多样的教育模式，适时开展职业教育和成人教育，重点教授文化科技知识。

（2）注重开展移民人力资源开发职业技能培训。结合安置地区产业优势和特色，创办专门的移民技能培训学校，针对移民所需技能开设课程，对移民劳动者提供针对性的专业知识教授和实用型技能培训，如养殖、种植等。培训模式可以采取政府引导、移民自愿的形式，政府根据移民意愿和当地经济发展特点举办不同内容和形式的培训班，移民根据自身需求和就业岗位要求选择参与。培训课程设置可考虑劳动技能培训、自主创业培训、专业技术培训等。培训方法不只局限于理论知识的传授，更注重加强理论联系实际的教学方法，多实践，通过重复练习与切身参与让移民接受并快速熟练掌握相关内容。

（3）建立移民人力资源开发劳动力转移机制。移民搬迁安置后从事传统农业生产的机会大大降低，产生了较多的富余劳动力，应建立移民劳动力转移机制，引导其向二、三产业转移，增加就业渠道和方式。另外，从事传统农业生产获得的收入远远低于从事非农业生产，只有持续获得稳定性高收入，才有可能让移民走上共同富裕的道路。所以，制定长期性的移民劳动力转移规划，通过多种方式引导移民实现就业转移，扩宽就业渠道，才能解决移民的就业生存发展问题，同时也能满足安置区及周围地区的劳动力需求，为地区经济发展提供劳动力资源。

5.6.2　移民安置与地方产业升级调整结合，促进区域经济发展

水电工程建设所涉及地区多为经济不发达地区，区域经济多存在产业结构不合理、人地矛盾突出等问题。移民安置依赖于库区的经济发展，经济发展为移民安置提供条件，二者相互促进，互相依存。中国实行开发性移民方针，把移民安置和库区经济结合起来，以移民安置为契机，借助库区工矿企业迁建、库区和移民安置区产业规划，并结合区域产业升级，进行区域产业结构的重组和优化，达到生产力在空间上的重新布局和生产要素的重新组合，促进资源综合开发利用，并实现库区生产力发展整体水平提升和区域可持续发展。

....

案例 5－13　三峡水电站工矿企业迁建促进库区产业转型升级

三峡水电站库区受淹工矿企业共 1599 家（含商贸运输企业 215 家），其中除 6 家为大型企业、26 家为中型企业外，其余 1567 家都是小型企业，占企业总数的 98%；移民补偿静态资金在 200 万元以下的企业 1156 家，占72%；100 万元以下的 784 家，占 48.3%。这些小型企业，所有制结构单一，产品结构雷同，多是小水泥、小化肥、小砖厂、小纸厂、小酒厂、小印刷厂、小机械加工厂等。绝大多数小型企业管理落后，设备陈旧，污染环境，产品没有销路，亏损严重，竞争力差，平均资产负债率达 113%，搬迁前亏损面达 70% 以上。

　　1999 年 5 月，中国针对三峡库区农村移民安置和受淹工矿企业迁建存在的问题和矛盾，做出了调整农村移民安置政策和受淹工矿企业迁建政策的重要决定，简称"两个调整"。"两个调整"的实践不但实现了使移民"搬得出、稳得住、逐步能致富"的目标，还对促进库区产业转型升级十分有利，这对三峡库区乃至整个长江流域的生态环境保护做出了重大贡献。

　　工矿企业迁建政策由结合技术改造进行迁建，调整为工矿企业迁建并把工作重点、着力点放在结构调整、改进质量和提高效益上来。加大工矿企业组织结构、所有制结构和产品结构的调整力度，绝不能搞原样搬迁。对污染严重、产品无市场和资不抵债的国有、集体搬迁工矿企业，要坚决实行破产或关闭；对产品有市场、资产质量好、领导班子强的搬迁工矿企业，通过与对口支援名优企业合作或合资，进行组合搬迁。为了鼓励和调动搬迁工矿企业进行结构调整的积极性，国家专门为三峡库区制定了一系列优惠政策，每一项优惠政策都具有很高的含金量，这些政策的出台是具有突破性的。

　　重庆市于 2000 年初开始在奉节县进行搬迁工矿企业结构调整试点。该县搬迁工矿企业 114 家，原规划组合搬迁为 72 家，重新修订规划后，准备破产、关闭 67 家；相对较好的 57 家，准备合并为 20 家，与对口支援名优企业相结合。从整体上看，调整的力度还远远不够。此后，湖北省、重庆市又重新修订了规划，对库区受淹 1599 家工矿企业，准备破产、关闭 1012 家，占总数的 63.3%，保留的 587 家合并重组为 406 家。

　　库区紧紧抓住移民搬迁安置的机遇，充分利用国家专门为三峡库区工矿企业迁建政策制定的一系列优惠政策，产业上主动转结构、调方式，实现了产业结构升级转型，三次产业比重由 1992 年的 39：31：30 调整到 2013 年的 10：55：35。库区产业结构日趋合理：第一产业特色发展，结构不断优化，基本形成以柑橘、茶叶、榨菜、畜牧等为支柱的特色农业产业体系；第二产业大幅提升，产业聚集程度逐渐提高，基本形成以电子、食品、机械、化工、建材等为支柱的工业产业体系。2013 年，库区 19 县（区）地区生产总值 5708 亿元，人均国内生产总值 3.94 万元，分别是 1992年的 38 倍和 40 倍，年均增长率达到了 19%，高于同期全国年均增长水平，库区经济实现了较快增长。工矿企业迁建政策调整对促进库区产业转型做出了重大贡献。

大中型水库库区和移民安置区经济社会发展（简称"两区发展"）是一项系统工程，涉及面广，建设周期长，任务重，需要各级政府及相关部门高度重视，加强领导，通力合作，共同完成。2010年12月，国家发展改革委等14部委联合发文《关于促进库区和移民安置区经济社会发展的通知》（发改农经〔2010〕2978号），首次提出了"多层次、多渠道加强对库区和移民安置区经济社会发展的支持并建立长效机制"，为促进两区经济社会发展提供了组织和运行机制的保证。

促进两区经济社会发展，建立长效机制，一是需要政府主导，各职能部门协作联动，提升两区发展工作的效率性。两区发展是一项长期的系统工程，涉及政府多个职能部门，政策性强，仅靠水库移民主管部门不可能实现预期的目标，必须是多部门同心协力。多部门协作可以优势互补，作为一项政府工程，要发挥各自的优势，必须建立协作与联动机制。要做到协作联动，分工清晰、信息沟通、责任明确，才能形成工作合力。二是发挥移民管理机构的骨干作用。移民管理部门是负责水库移民工作的专设机构，促进两区发展也是移民管理机构的工作职责和义务。

做好大中型水库库区和移民安置区经济发展规划的编制与实施工作，是促进两区发展的重要手段。由于历史的原因，目前两区发展相对落后，为了真正解决其长远发展问题，必须依靠项目规划，通过项目规划，统筹各类用于两区发展的资金，统筹解决目前出现的问题，逐步实现两区经济社会与当地农村同步发展，与区域经济社会协调发展，切实解决移民的长远发展问题。

案例 5-14 龙滩水电站两区发展规划

龙滩水电站蓄水后，处于库区的罗甸县政府及时调整发展思路，大力发展水库养殖业，促进了移民和周边居民增收，带动了养殖业大发展。2008年，罗甸县引进了8家养殖公司，并对引进企业提出要以企业带动移民投资发展，并以公司与移民联营或者指导移民饲养为示范，促进库区渔业产业的发展。合资经营的技术由公司负责，独资公司则招收移民到网箱做工、学技术，移民自己投资的则由公司负责无偿提供技术指导服务。移民掌握养殖技术后，独立管理经营自己的网箱。饲养经营管理和外部事务的处理主要由乡、村和参与的移民负责。从饲养、鱼病防治到销售各个环节，移民均充分参与，学习并掌握了网箱养鱼的全程管理。养殖过程中适度发展淡水养殖，积极生产无公害、附加值高的优质水产品，定期进行人工增殖放流，重点发展以浮游生物为食的放养鱼类和不投放饵料的围网养鱼，养殖的同时保护了水域生态环境。按照罗甸县渔业发展规划设计（2007—2011 年），库区 3000 户 1.2 万移民及周边居民通过发展渔业生产致富。

积极筹措资金，努力拓宽投资渠道，加大库区和移民安置区资金投入，在安排地方政府性资金时，向库区和移民安置区倾斜。同时，项目建设是落实移民政策的重要载体和工作重点，也是检验移民资金是否安全运行、移民群众是否满意的重要标志。做好两区项目的实施与管理是各级移民管理机构的重要职责，而整合资金则是形成合力、推进两区发展项目建设的物质前提和资金保证。

案例 5 - 15　毛尔盖水电站结合旅游产业开发

　　毛尔盖水电站各集中安置点规划设计过程中，充分考虑了新农村建设的要求，并结合灾后重建和藏区牧民定居点规划设计中的先进理念，突出了地域文化特色，如依山就势的上寨安置点、按照城乡统筹和新农村建设要求建设的知木林安置点。集中安置点和集镇新址均紧邻 G302 国道或县道，具有得天独厚的区位优势，为移民后续从事运输业、零售业和旅游业等提供了极大的便利条件。随着社会发展，按照地方政府关于泽盖旅游风情小镇"腾笼换鸟"的旅游发展思路，泽盖安置点移民已搬迁至安置点附近自行联系的廉租房和安居房居住，其永久安置房完建后在政府的引导下与泽盖旅游风情小镇旅游开发公司联合进行商业经营，移民持续增收、创收有了保障，收入水平将持续提高。此安置点移民致富模式试点成功后，其他安置点借鉴泽盖经验，有针对性制定产业发展规划，进一步提高移民收入水平，使电站移民和原居民共享水电开发带来的经济效益和社会效益。

5.6.3　移民安置推动基础设施和公共服务设施提升，促进区域社会发展

5.6.3.1　坚持移民集中安置点基础设施和公共服务设施统一规划、共建共享

　　中国早期水电工程建设，普遍存在"重工程、轻移民"的思想，移民安置规划深度不足，在基础设施配套建设、专业项目复（改）建方面，规

划思路也不够全面，对"原规模、原标准和恢复原功能"的理解比较单一，没有从区域社会发展的角度统筹考虑移民安置规划和专业项目复（改）建，更多的是重视主体工程的建设，所以水电工程开发，移民搬迁安置，并未给库区和移民安置区基础设施建设和发展带来契机及机遇。

随着移民政策不断完善，社会逐步发展进步，水电工程建设对区域发展产生的综合效益显现出来，尤其是在基础设施建设方面。

《大中型水利水电工程建设征地补偿和移民安置条例》规定："工矿企业和交通、电力、电信、广播电视等专项设施以及中小学的迁建或者复建，应当按照其原规模、原标准或者恢复原功能的原则补偿""城市集镇迁建、工矿企业迁建、专项设施迁建或者复建补偿费，……因扩大规模、提高标准增加的费用，由有关地方人民政府或者有关单位自行解决""编制移民安置规划应当尊重少数民族的生产、生活方式和风俗习惯。移民安置规划应当与国民经济和社会发展规划以及土地利用总体规划、城市总体规划、村庄和集镇规划相衔接"。可以看出，《大中型水利水电工程建设征地补偿和移民安置条例》在一定程度上已经提出移民安置规划应合理与地方区域经济发展相结合。

案例 5–16 瀑布沟水电站

瀑布沟水电站移民依托集镇、县城进行相对集中的安置，基础设施发生了翻天覆地的变化，主要表现在：街道全面实现硬化水泥路面；供水、供电与电信服务得到保障；城镇防洪能力提高，排水、排污系统完备。库周环库公路的兴建打通了整个库区对外交通通道，特别是集镇、县城的公共服务设施得到较大改善；医疗卫生机构与中、小学及幼儿教育的功能配套齐全；商业、饮食、邮电、电信、银行、交通运输及文化娱乐等服务功能基本齐全；日用品及肉菜副食品市场基本配套。瀑布沟水电站在建的水利项目永定桥水库，结合地方发展及周边环境，在保证汉源县城生活用水及周边移民的生活生产用水的同时，考虑永定桥水库沿线 1200～1500m 高程的土地灌溉项目，解决该区域现状缺水、无灌溉设施的问题，促进该区域农业生产发展，同时可提高海拔 1200m 以下土地的灌溉保证率。为保证灌溉效果，新建 40km 灌溉渠道，沿线土地均能得到充分的灌溉，极大地改善了周边区域土地灌溉条件，为该区域农业发展提供了有利条件。

案例 5 - 17　溪洛渡水电站

溪洛渡水电站规划的交通设施复（改）建，充分与区域经济社会发展相衔接，积极改善地方区域交通状况。新建水（富）—麻（柳湾）高速与溪洛渡水电站枢纽工程建设区快速通道，极大改善了雷波县、永善县与成都市、内江市、宜宾市等县市交通联系，雷波县到成都市车程缩短为 5 个半小时。另外，溪洛渡水电站复建 S307（雷波县段）50km、S208（金阳县段）11km，上述两段线路复建标准由原来的三级公路下限提高到三级公路上限。雷波县、金阳县两县复建县乡公路约 150km，复建标准由原来的四级公路下限提高到四级公路上限。县乡公路复建后，改变了两县沿江公路不通的现状，极大改善了两县的交通，为两县沿江经济的发展提供了良好的条件。溪洛渡水电站淹没黄码公路约 70km，复建该公路充分考虑沿线乡、村较集中的居民点交通问题，复建黄码公路（永善段）105km，改善了永善县的县乡交通。由此可知，库区专业项目的规划、兴建在很大程度上引领了区域基础设施发展。

5.6.3.2　移民规划结合地方发展，促进区域基础设施改善

水电工程建设能够产生巨大的综合效益，通过大量的资金投入，促进地方基础设施建设。同样，移民搬迁安置与区域发展的有机结合，也加大了对当地基础设施建设和文教卫等公共服务设施的投入，确保了移民和当地居民生活及社会的快速发展，推动了项目所在地经济发展和社会进步。在水电资源开发建设中，兼顾移民安置的长远发展和库区经济社会的长远发展，积极推进移民安置区域与之相关的交通、通信、电力、饮水等基础设施建设步伐，结合既有的文化、教育、卫生等设施，或者新建文教卫设施以实现移民安置长远发展与区域经济社会发展，实现双赢，从而带动区域基础设施建设和产业发展，助力推动城镇化进程，加快地方经济结构战略性调整，在新时代水电开发移民安置工作中发挥着重要作用。

5.6.3.3　专项工程的迁复建改善了区域基础设施状况

水电开发不仅在于发电，同时还兼顾防洪、灌溉等效益，并促进环境保护、道路交通等基础设施建设和生活环境的改善。

案例 5-18 乌江流域梯级水电站

乌江流域梯级水电站的开发建设，不仅彻底扭转了贵州省的缺电局面，提高了供电量和供电质量，同时对整个乌江流域工程涉及区域的交通、电力、电信工程、防洪、旅游都是一个很大的促进。结合库区和建设区移民搬迁，以及移民专项设施的复建，在征地区周边和移民安置区修建了大量的专项工程，使农村和城镇的基础设施有了很大提高，极大地繁荣了当地经济。

案例 5-19 三峡水电站

通过移民规划与地方区域经济发展需求相结合，借助移民安置，通过移民安置集镇集中安置点基础设施建设、移民基础设施复（改）建、移民专业项目复（改）建，库区交通网络、供电能力、水利设施、邮电通信、广播电视、教育、卫生和文化体育设施建设和服务水平均有大幅提升。

（1）库区交通网络体系得到完善。由于历史和自然条件等原因，原三峡库区大部分基础设施不健全，建设布局不尽合理，道路狭窄。移民安置实施后，库区交通设施在按照"原规模、原标准、恢复原功能"规划建设的基础上，地方结合经济发展对建设标准适当提高，移民资金与地方资金相结合，道路等级大大提高，路网布局更加优化，移民群众出行更加便利，地方交通运输条件全面改善。完善的交通体系为巩固、扩大对外市场提供了保障，促进了地区投资环境的改善，为地区发展提供有利条件。在移民工程及资金的带动下，库区的公路、铁路、机场从无到有，长江黄金水道优势进一步突显，促进了"公、铁、水、空"一体化的综合交通体系的形成。

（2）库区供电能力、电网标准和等级大幅提高。淹没前，库区电力设施落后，特别是 20 世纪 80 年代的库区，电力供应不足，部分移民仍未用上电。搬迁后，库区的电网得到了恢复和发展，电网布局更加优化，变电站容量和 10kV 及以上输配电线路较搬迁前大幅增加，全面提高了库区用电可靠性，改善了用电质量，农村移民通电率达到 100%，城镇居民供电可靠率在 99.9% 以上。

（3）库区卫生事业快速发展。搬迁前，国家、地方受财力的限制，对淹没区建设投入较少，导致库区床位少、房屋结构差的矛盾比较突出，特别是农村就医极为不便。移民搬迁安置过程中，迁建安置点的就医条件明显改善，部分安置点配有卫生室。城镇的医院迁建也取得了很大成绩，床位数大幅增加，房屋结构安全性显著提高，移民群众看病难的问题有所缓解。2013 年，三峡库区卫生技术人员数 60490 人，卫生机构床位数 65639 张，分别是搬迁前 1992 年（34067 人、22177 张）的 1.78 倍和 2.96 倍。

（4）库区文化体育事业蓬勃发展。库区依托搬迁复建规划，结合地方移民群众生活需求，配置了一些博物馆、公共图书馆、文化馆，在移民安置点配置有文化书屋，体育场地设施建设和健身器材配置趋于完善。其中，三峡库区到 2013 年公共图书馆藏书达 393.46 万册，库区公益性体育场馆总建筑面积约 60 万 m^2，体育场地总面积约 860 万 m^2，库区人均体育场地约 0.5m^2，较搬迁前有了翻天覆地的变化。

5.6.4　移民安置应与自然环境保护相协调

中国水电工程移民安置一直以来秉承因地制宜、有利生产、方便生活、保护生态的原则，移民安置过程中一贯重视自然环境保护。

自然环境是区域经济社会发展的物质基础和重要条件。为避免由于大规划移民人口迁入，造成对环境的破坏，移民安置应考虑人与自然和谐相处和经济、社会、环境协调发展的因素。移民安置后如不能适应安置区的自然环境，或者安置区的安置人数超过了该区域的自然环境承载量，可能导致当地生态破坏、环境恶化，造成国家财力、人力、物力上的浪费。

中国在移民安置规划过程中十分重视自然环境承载能力的分析和论证，注重自然环境的保护，以及移民与自然的共生，不因移民安置而对安置区自然环境造成过度破坏。

在土地开发利用过程中的环境保护，以综合整治为指导思想，贯彻"以防为主、防治结合"的治理原则。移民安置区的土地资源开发利用、环境保护与"长治""长防"移民开发等工程项目相结合，充分利用各方面投资，合理开发利用土地资源改善区域生态环境，达到经济效益、生态效益、社会效益的协调统一。

城市集镇迁建环保护坚持城市集镇迁建发展与生态环境改善相结合、城镇环境改善与区域环境改善相结合的原则。以国家的环境保护政策为导向，坚持"预防为主，防治结合"的环境污染控制方针，污染物排放与区域环境容量相适应。贯彻执行"三同时"制度，即建设项目中防治污染的设施，必须与主体工程同时设计、同时施工、同时投产使用，提高城市集镇整体功能和环境质量，使城市集镇迁建的环境保护与国民经济和社会发展相协调。

拟迁建工矿企业必须严格执行国家有关环境保护政策法规，实行排污申报登记制度和排污许可证制度。

5.7 保护各方权益，强化公众参与

公众参与是指与移民安置相关的利益群体和组织，直接或间接参与移民相关活动并影响这些活动的过程。参与相关利益群体和组织范围可涉及经济、文化、社会等各个层面。执行好公众参与能有效保障移民安置政策执行的客观公正，减少矛盾纠纷，并使移民安置方案符合当地的实际情况和移民意愿，同时也降低了非自愿移民带来的各种社会风险。

中国在新颁布实施的《大中型水利水电工程建设征地补偿和移民安置条例》中就提出要求移民和安置区居民全过程参与，充分保障移民和移民安置区居民的知情权和参与权，在编制移民安置规划大纲和移民安置规划报告时，必须广泛听取移民和移民安置区居民的意见，必要时采取听证的方式。

5.7.1 开展全过程公众参与，确保公众知情权

水电工程建设对移民和安置地居民利益影响具有不确定性，这样就会给移民和安置地居民尤其是移民带来复杂的心理影响。他们会对比自己的利益期望和移民安置所带来的现实利益或者利益实现程度，并据此采取行动；当他们的利益能够持续增长，一般就会积极主动地参与到移民活动中去；当他们的利益没有得到保证，并且对未来的发展不确定，则会采取非常规的手段影响移民活动的进行，以获取追加利益。

水电工程移民的参与也是移民再社会化的过程，移民只有参与到安置地经济、政治、文化生活的各个方面，在参与的过程中发展自己的能力，才能融入到新的环境中。移民的再社会化有利于移民个人生活发展和移民工作的顺利开展。由于水电工程移民属于非自愿性移民，再社会化的积极性不大，同时移民大多来自农村，适应能力相对差一些。因此，地方政府应该加强对移民的培训教育，提高移民的参与能力，积极引导和组织移民参与到移民安

置的各个环节和安置地生活的各个方面，发挥移民的自身能动性。

近年来，中国政府十分重视公众参与和协商，并广泛听取各社会团体、移民和安置区居民的意见，鼓励各方积极参与工程建设方案的拟定和移民安置及重建工作。在项目准备阶段进行工程方案设计时，设计单位就会与地方政府有关部门、群众团体及群众代表对不同方案的影响情况，包括经济的、社会的和移民安置等方面的影响广泛征求意见和建议。在项目各阶段，包括项目业主和地方政府等参与各方也进一步鼓励移民参与移民安置及生产恢复和重建工作。

5.7.1.1 前期规划阶段

1. 参与实物指标调查工作

在项目建设征地影响实物指标调查中，地方政府组织各相关部门、乡（镇）、村、移民代表以及项目法人、设计单位成立联合调查组，各方分工合作，各负其责，均参与了实物调查工作。实物指标调查过程中，按照规定要履行三榜公示，移民对实物调查有异议的，可以向调查组提出复核申请。通过移民全程参与实物指标调查，确保了实物成果的准确可靠，为实施阶段移民补偿费用兑付奠定了基础。

案例 5-20　江边水电站

2006 年 9 月，四川省人民政府下达了《关于江边水电站水库淹没区及施工区停止基本建设控制人口增长的通知》（以下简称"停建通告"）后，九龙县人民政府重新组织开展了实物复核调查、确认。在实物指标复核调查期间，工作组走村串户，对于涉及的移民个人财产如建筑物、构筑物和附属建筑物以及零星树木等，均是在移民本人亲自参与和监督下完成其各类实物丈量、清点和登记上表的，现场调查登记结束后，由调查人员逐一向户主复述现场调查实物指标，经确认后，由户主签字、加盖手印认可。现场实物调查丈量登记结束后，江边移民工作队代表九龙县人民政府对实物指标分户汇总成果在所在地主要路口或人员密集的区域进行了张榜公示。公示内容包括农村移民个人财产、农村集体土地、财产，企事业单位，以及专业项目等。公示期间移民对实物成果有异议的，首先由调查组进行资料核对后做出解释，确实有误的，进行复核登记。江边水电站实物成果公示共进行了两榜，每榜均为 7 天。经两榜公示后移民及相应的权属单位均已无异议。

---

2. 参与移民安置规划方案的制定

移民安置需要恢复移民的生产条件和生活环境，因此，要选择符合当地实际情况和移民自身意愿的搬迁安置点，制定切实可行的移民生产安置方案，才能在政策允许的范围内最大限度地满足大多数移民的意愿，提高移民安置规划的科学性和可操作性，减少移民安置实施过程中的设计变更和重复建设，避免资源浪费。

移民安置规划过程中，一般会要求地方政府、项目法人和设计单位深入到各村，采取召开有村组干部及移民代表参加的座谈会或随机访谈移民的形式，进一步征求他们对如何减缓建设征地影响、如何安置等方面的意见和建议，包括他们对安置点的选择、居住建筑风格、生产恢复措施、征地补偿等方面的要求和建议。

案例 5-21　洪家渡水电站

洪家渡水电站是中国"西电东送"最早启动的标志性工程，是国家西部大开发拉开序幕的地方，也是贵州省从传统的计划经济向市场经济转型时期的首个大型水利水电工程项目。在移民安置设计过程中，由于移民搬迁安置规划没有充分征求移民安置意愿，只是征求了当地政府的意见和考虑库周边的环境容量制定的安置方案。导致实施过程中可研规划的 95 个移民安置点实际只建设了 36 个，大部分安置点由于地处偏远，移民后期不愿去，导致了部分资源的浪费。

经验表明，移民安置规划设计过程的每个环节都应充分尊重移民的真实意愿，因为移民的诉求是多方面的，如果综合因素叠加影响，加上工作过程中稍有不慎，就可能造成社会稳定问题。

5.7.1.2　移民安置实施阶段

移民安置实施的公众参与主要体现在宅基地和生产用地分配、移民建房方式选择、补偿资金的分配使用等环节。移民宅基地和生产用地分配一般采取"抓阄"的方式落实到户，农业发展项目启动都将由各村民组的全体村民参与，尤其关注了对土地有特殊需求的移民的诉求。移民建房充分尊重移民的自主选择，移民可以选择房屋是否自建、联建或者统建。移民补偿资金的分配和使用要接受移民的监督，集体补偿资金的使用方案需通过村民大会或村民代表大会讨论，通过后才能使用。移民实施阶段的公众参与充分体现了公平、公正、公开的要求，移民行使了知情权和监督权，减缓了移民的疑虑和不满情绪，避免了纠纷。

案例 5-22 桐柏抽水蓄能电站

桐柏抽水蓄能电站在房屋拆迁之前，各级移民安置机构会同房屋估价部门以核定后张榜公布的实物指标为基础，首先与拆迁户就房屋补偿标准进行协商，协商结果在签订协议前张榜公布，以接受群众的监督，最后县移民办与移民户签订"桐柏抽水蓄能电站工程移民补偿安置合同"，并由公证机关现场进行公证，保障了实施阶段与规划设计阶段调查成果的有序衔接。

桐柏抽水蓄能电站宅基地的分配及移民的建房方式也充分尊重移民个人意愿，各级地方政府和移民机构提供相应的帮助。所有拆迁户均按重置价得到房屋补偿，在规定的时间内，移民户可以按自己的意愿选择先拆后建或先建后拆，原房屋旧料归移民户自己支配利用。

桐柏抽水蓄能电站为保障受工程影响人员从工程建设中受益，该工程建设特别是移民工程的建设，积极鼓励移民参与，在确保工程质量的前提下，工程建设尽可能地利用当地的材料和劳务等。另外，2003年移民户还参与了爆破施工影响岭脚村居民房屋的处理。县移民办依据有关法律程序，召集岭脚村移民代表召开座谈会，就被影响房屋质量鉴定、修复方案设计以及维修方案补偿价格的鉴定进行了沟通和协商。

桐柏抽水蓄能电站在工程实施前，由县移民办、镇移民安置工作小组、村及村民小组和移民个人组成核查工作小组，对受影响的实物指标进行了全面仔细核实，并张榜公布；房屋及附属建筑补偿价格在房屋估价部门进行估价的基础上确定各移民户的补偿标准并张榜公布；宅基地的分配采用移民都接受的抓阄儿的方式进行；所有移民安置实施的政策制定和与移民工程的建设均有移民代表参与并接受其监督。

桐柏抽水蓄能电站在土地分配前，各级移民安置机构会同居委会全体干部、移民代表进行多次讨论、研究，制定了相应的分配原则、实施程序等，采用抓阄儿的办法进行新垦土地的分配；土地补偿费的发放到户和土地的重新调整均由村组集体统一安排，保障专款专用，资金使用均须通过村民大会讨论通过，并接受广大村民的监督。

5.7.1.3 移民参与后期扶持

根据要求，编制水库移民后期扶持规划应当广泛听取移民的意见，包括在后期扶持人口核定、后期扶持方式确定、后期扶持项目选择方面，均要求过程公平、透明、公开，接受群众监督。特别是对于库区和移民安置区经济社会发展项目的安排，因涉及移民的切身利益，更需要充分征求移民意见，听取库区和移民安置区群众的意见。

5.7.2 加强政策宣传，确保信息公开透明

信息公开是公众参与的前提和核心，中国移民安置过程中信息公开的方式属于一种单向传播的方式，主要是由政府主导将移民安置的各种有效信息及时传播给公众，保障公众的知情权。

宣传报道也是公众参与的重要手段。无论移民的前期工作还是移民安置实施过程，宣传报道工作都十分重要。为加强移民政策宣传，进一步了解各界干部群众对项目建设及移民安置的意见，在项目准备阶段，项目法人、地方政府以及设计单位会到受项目影响的各村，与当地的有关村干部及移民代表以召开座谈会的形式，分别就项目建设的必要性及移民安置政策等方面进行广泛宣传、交流和沟通，并就移民安置的具体措施征求移民代表及各级地方政府的意见。

5.7.2.1 移民政策宣传的内容

移民政策宣传的内容一般应包括国家有关法律法规以及工程所在省（市）、市（州）和县（市、区）有关建设征地和移民安置政策，例如《中华人民共和国宪法》《中华人民共和国土地管理法》《中华人民共和国农村承包法》《中华人民共和国物权法》《大中型水利水电工程建设征地补偿和移民安置条例》等；移民前期工作的程序、内容和要求，例如项目可行性研究阶段移民规划设计工作程序和要求，省政府发布的"停建通告"的要求，实物指标全面调查的方法以及公示复核的相关要求，移民安置规划方案的拟定及移民参与的要求，移民补偿费用项目及费用确定原则等；移民安置实施实物变化的处理、补偿费用兑付以及各项环节的工作要求和移民群众参与的要求；移民后期扶持的有关政策等。

案例 5-23 龙滩水电工程

2006 年 6 月，为了做好概算调整后龙滩水电工程后续移民安置工作，

广西壮族自治区移民开发局、贵州省移民开发办和龙滩水电开发有限公司编制了龙滩水电工程移民政策宣传提纲。提纲具体内容如下：

（1）明确了移民安置补偿概算调整的重要意义、指导思想和基本原则。

（2）明确了移民投资概算调整的具体内容，包括土地补偿补助标准、房屋补偿标准、其他项目补偿补助标准、基础设施补偿费、关于新增项目的补偿处理标准等。

（3）明确了移民后期扶持政策。

（4）回答了移民群众关心的几个问题，如实物指标计算基期问题、关于新址（宅基地）征地费、关于基础设施费、关于外部供水工程补助费、关于搬迁道路修建费、关于文教卫补助费、关于搬迁运输费，关于新增项目补偿费的使用原则、关于搬迁进度安排等。

（5）明确了概算调整后如何做好移民工作的要求。

案例 5-24 向家坝水电站

向家坝水电站水库淹没影响区涉及四川和云南 2 省 3 市（州）5 县，它们分别是四川省宜宾市的屏山县和凉山州的雷波县，云南省昭通市的绥江县、水富县、永善县。向家坝水电站枢纽工程建设区涉及水富、宜宾、绥江 3 县 4 个乡镇。建设征地涉及人口 11 万人。为切实做好农村移民安置工作，充分尊重移民意愿，涉及的市、县（区）在移民安置规划过程中开展了扎实的宣传、培训工作。

（1）屏山县。屏山县成立了巡回宣传队，分赴各库区乡镇开展农村移民安置政策宣传工作，主要就《宜宾市人民政府关于印发向家坝水电站屏山库区农村移民安置暂行办法的通知》（宜府发〔2008〕38 号）、《向家坝水电站屏山库区农村移民安置方式选择条件及审核办理程序》《向家坝水电站屏山库区农村移民安置切块对接方案》（屏移领发〔2010〕3 号）等政策文件进行了广泛的宣传。宣传形式主要有培训会、院坝会，广播、电视、板报、上门宣传等。据统计，集中巡回宣传共 10 次，参与宣传的工作人员140 人，发放各种宣传资料、宣传手册 12000 余份，宣传覆盖 7 个库区乡镇，移民接受宣传 1600 人次。

（2）雷波县。雷波县各乡镇组织工作队，分赴各库区乡镇开展农村移民安置政策宣传工作，并编制印刷了《向家坝水电站雷波库区移民安置宣传手册》，做到库区移民户均一册，宣传手册罗列了水电工程相关移民安置政策、安置标准以及安置程序等。

（3）绥江县。绥江县移民开发局于2011年3月和5月分期编制了《向家坝水电站绥江县移民政策宣传手册》，针对生产安置人口界定和安置意愿调查及相关移民政策解答等工作需要，共印发宣传手册30000余册，做到库区移民户一户一册，工作人员人手一册。宣传手册下发以后，各乡镇以组为单位召开群众会500余次，对移民群众提出的问题在移民政策范围内进行了一一解答。

（4）永善县。在启动移民人口界定和安置意愿调查之前，永善县移民开发局组建了以分管领导任组长的政策业务培训工作组，分别对各乡镇进行政策业务培训30多次。政策业务培训分为两个层次：一是培训乡镇领导，主要由移民局分管领导负责；二是培训工作人员和村组干部，主要由移民局业务人员负责。

（5）水富县。水富县移民开发局编制了《向家坝水电站水富县库区移民搬迁安置宣传手册》，针对移民人口界定和安置意愿调查工作需要，共印发宣传手册1800册，库区移民户一户一册，工作人员人手一册。宣传手册下发以后，以各村组为单位召开群众会30余次。

5.7.2.2　移民政策的宣传方式

1. 召开群众大会

一般事先由村干部通知本村全体移民群众到村委会集中开会，由县级移民管理机构的相关主管将有关政策向广大移民群众进行宣贯。如在实物指标调查前，县级移民管理机构会组织广大移民群众和移民干部召开培训会，由设计单位将实物指标调查的有关政策规定、主要调查方法等进行广泛宣传，使广大移民群众知晓哪些需要调查、哪些为什么不需要调查以及测量的方法等，以便顺利开展实物调查工作。又如移民安置实施前，县级移民机构也会组织召开移民群众大会，对移民安置实施的有关补偿政策、移民身份的界定、安置方式的选择、宅基地选择等进行宣贯。

2. 发放宣传手册

一般由县级移民机构负责政策汇编和宣传手册的制作和发放。宣传手册应将主要政策要点、移民对相关政策的疑虑等相关问题解释清楚。宣传手册可以采取问题解答的形式，也可以用漫画的形式编制。2011年5月，绥江县移民开发局就收集了移民安置实施过程中移民反映比较突出、涉及面广的有关问题，以问题解答的方式编制并向移民群众发放了《绥江县移民政策相关知识问题解答》宣传资料。2010年7月，白鹤滩水电站实物指标调查前，为了使移民更加形象地了解实物调查的有关要求，促进实物指标调查工作顺利开展，设计单位编制了《金沙江白鹤滩水电站建设征地实物指标调查宣传画册》。

3. 个别专访

移民工作过程中通常会遇到部分移民对移民政策不理解或提出其他诉求，阻碍移民工作，对此，县级移民管理机构相关人员常常会入户进行个别专访，并根据国家、省相关政策和相关技术标准针对移民提出的具体诉求进行认真详细解释。

4. 媒体宣传

媒体宣传主要包括电视媒体、广播媒体、网络媒体、平面媒体、户外媒体及手机媒体等。

（1）电视媒体。电视媒体是指以电视为宣传载体进行信息传播的媒介。电视传播具有视听兼备、内容详细易懂、容易被观众理解，信息传播快、覆盖面广、能够吸引受众，且可以重复向受众发布信息等特点，在信息宣传上有非常好的效果。一般县级移民机构会在当地的县级电视台将有关政策进行宣讲或制作典型案例短片在电视上反复播放。

（2）广播媒体。广播媒体是指通过无线电波或导线传送声音的新闻传播媒介。广播媒体以声音为传播特色，人们可以随时随地很方便地从广播中了解最新的信息，同时广播信息较为感性，能较好地感染听众情绪，并能留给听众广阔的想象空间。

（3）网络媒体。网络媒体是指以计算机为核心、数字化传播各种多媒体信息的交互式传播媒介。作为信息社会的产物，近些年网络媒体是发展速度最快的媒体。网络媒体集中了影像、声音、文本等多种媒介形式，真正实现了多媒体全方位信息传播，可以根据细微的个人差别将受众进行分类，分别传递不同的媒体信息。网络媒体还能进行互动，将有关信息以最快的速度传达给受众。

（4）平面媒体。平面媒体主要包括报纸、杂志等，平面媒体不像电视传媒那样倏忽即逝，不可追踪，它给人留下来白纸黑字的明确诉求；也可以根据要求，有计划地反复刊载，甚至可以刊载有连续性的一套宣传，因此就会给受众留下深刻的印象，有层层递进的效果。

（5）户外媒体。户外媒体是指在主要建筑物的楼顶和商业区的门前、路边等户外场地设置的发布信息的媒介，主要形式包括墙体喷绘、路牌、霓虹灯、电子屏幕、灯箱、车厢、标语及大型充气模型等。通过策略性的媒介安排和分布，户外传媒能创造出理想的到达率，而且还具有较强的视觉冲击力，吸引行人的注意力，信息容易被认知和接受，时间久了使受众形成累积效果。

（6）手机媒体。手机媒体，是以手机为视听终端的个性化信息传播载体，它是以分众为传播目标，以定向为传播效果，以互动为传播应用的大众传播媒介。手机媒体主要包括手机短信、手机报、手机广播、手机电视等，其基本特征是数字化，是数字化多媒体终端，具有互动性强、信息获取快、传播快、更新快、跨地域传播等特性。手机媒体不仅可以提供线性方式传播，而且可以提供非线性方式的点播和下载，实现了实时性传播和异时性传播的共存，还具有高度的移动性、便携性，信息传播的即时性、互动性，受众资源极其丰富，多媒体传播，私密性、整合性、同步和异步传播有机统一，传播者和受众高度融合等优势。消除了时空维度对信息传播的限制，实现了传播的随时性、随地性。

根据各种传播媒体特点，县级人民政府及其移民管理机构一般因时因地制宜地进行合理高效的媒体组合。由于水电工程移民政策的宣传对象是移民群众，其大多工作生活在农村，基础设施，尤其是互联网设施不像城市那么完善，因此不能将网络媒体作为主要的政策宣传方式；由于户外传媒有较强的视觉冲击力，易于记忆，可以将比较容易理解的纲领性政策使用此种宣传方式，使用广播、手机作为辅助。例如水电工程征地涉及的范围，实物指标调查的时间、方式、内容，移民安置方式等，这些移民政策内容比较简单，易于记忆，且是发动群众、做好移民工作的基础性工作，可以利用户外媒体的优势，再结合广播传媒和手机传媒，很好地将这些政策宣传到各家各户。但是对于比较具体详细的移民政策（如各实物指标的调查标准、实物的补偿标准等），则需要以电视传媒结合平面传媒，充分利用电视媒体的视听兼备、易于理解和平面媒体的可以保存、收藏、可重复利用、便于移民自己翻阅、研究的特点，将相关政策适时地通过电视或者宣传画册的资料宣传到千家万户。

5.7.3 确保抱怨申诉渠道通畅，及时解决纠纷

中国政府在处理公众抱怨与申诉方面建立了一套自上而下畅通的工作机制，中国公民、法人或者其他组织可以采用书信、电子邮件、传真、电话、走访等形式，向各级人民政府、县级以上人民政府工作部门反映情况，提出建议、意见或者投诉请求，并依法由有关行政机关处理。各级地方政府均常设信访工作机构，当移民对有关政策、标准有疑异或产生纠纷时，均可通过信访的渠道提出。在移民安置过程中，信访已成为及时解决各类纠纷及问题的有效途径之一。

案例 5-25 滩坑水电站

滩坑水电站移民安置实施过程中，各级政府均建立健全了移民信访制度和渠道，移民申诉渠道较为畅通、透明、有效，移民申诉的大部分问题能得到及时处理或反馈。如青田县通过实行领导接访制度和信访排查制度，畅通移民利益诉求渠道，充分保障移民意见申诉权利。如景宁县设置多种移民意见申诉渠道，并且各级申诉渠道畅通；在乡（镇）设有分管移民干部，负责协调和解决移民方面的问题；村/居委会具体负责政策及相关信息的传达、移民安置有关问题的收集等事项，充分保障移民意见申诉权利。由于物价上涨，移民反映房屋补偿价格偏低。根据移民的反映，项目法人和地方政府及时组织设计单位对房屋补偿单价进行分析测算，及时对房屋补偿单价做出调整。

案例 5-26 桐柏抽水蓄能电站

桐柏抽水蓄能电站移民安置实施过程中，各级移民机构始终鼓励移民的参与，但在实际工作中或多或少地会出现各种问题，为使问题出现时能得到及时有效的解决，以保障工程建设及征地拆迁移民安置工作的顺利进行，天台县政府组织县移民管理机构建立了透明而有效的申诉渠道。移民对征地拆迁安置中出现的各种问题均可进行申诉。具体的意见申诉处理情况如：

（1）在项目实施前期，移民意见集中表现为因漏项、错项或因计算、统计错误而导致的实物指标差异，各级移民安置机构在收到意见后，对各

种意见均进行了调查核实并落实了相应的解决方案。

（2）2002年，移民主要就分配的新造土地石子多、部分二期土地耕作土不符合要求、个别地块排灌缺陷、农作物耕种脱季、生产用电线路不便以及安置区生活垃圾处理等问题向移民机构提出了申诉，得到了及时反馈并落实了相应的解决方案。

5.8　保护文物古迹，传承历史文化

中国水电发展过程中，保护文物、非物质文化遗产也是一个不断发展、不断进步的过程，通过三峡水电站等一系列水利水电工程对文物、非物质文化遗产保护的探索和实践，文物保护观念不断发生变化，在文物保护的技术方面也不断创新，在文物保护方面取得了很多世界认可的成果。特别是在中国西南地区等经济落后地区的水电开发中，对文物保护进行专项调查、专业规划、严格实施，并在工程投资中足额计列文物保护工作经费，使文物保护的各项工作能够顺利推进，大幅提升了当地的文物保护水平。实践表明，水电开发过程中实施的文物保护工作力度要远远高于周边地区，同时在文物抢救性发掘、保护过程中，考古研究工作也取得许多突破性的成果。

5.8.1　建立适合水电开发的分阶段文物保护管理体系

《中华人民共和国文物保护法》和《大中型水利水电工程建设征地补偿和移民安置条例》规定，对工程占地和淹没区内的文物，应当查清分布，确认保护价值，坚持保护为主、抢救第一的方针，实行重点保护、重点发掘。结合水电开发周期长、分阶段开展工作的特性，《水电工程移民专业项目规划设计规范》（DL/T 5379—2007）明确了水电工程开发预可行性研究报告阶段、可行性研究报告阶段、移民安置实施阶段等3个设计阶段的文物保护的调查、规划设计、保护措施、经费保障和工作职责，体现了水电开发各阶段对文物保护工作的重视，为文物保护工作提供了保障。

5.8.2　不断吸收先进的文物保护理念

在中国水电开发过程中，随着经济社会的发展，先进的文物保护理念

不断融入，包括"尽量原址保护""尽量不改变历史原貌""修旧如旧"的理念，以及重视环境建设及配套服务设施建设的策略。例如在三峡水电站文物保护初期，对文物不可再生价值的认识还不够深入，通过文物保护的实践，"文物是不可再生的文化资源"的理念和"保护为主、抢救第一、合理利用、加强管理"的文物保护基本方针逐步形成。

5.8.3 严格依法依规开展文物调查、保护规划和实施

在中国水电开发过程中，严格按照文物保护法律和水电工程政策、技术规范的要求，按照政府文物主管部门确定的文物保护等级和价值，通过全面、详细的文物调查和复核，查清文物分布。在文物保护规划设计中，由具有资质的文物保护专业设计单位，针对不同类别、不同保护价值的文物，提出原址保护、抢救性发掘、搬迁重建、拓片、资料保存等保护措施，重要文物的保护方案通常还要进行多方案的论证比选。规划设计成果需要通过专业的技术评审，并通过文物主管部门、移民主管部门组织的审批。

在文物保护的实施过程中，与其他移民迁建工程一样，引入专项监理、综合监理、主管部门验收等手段严格实施文物保护工作。

5.8.4 保障充足资金，聚集专业力量，采用"四新技术"保护文物

根据《中华人民共和国文物保护法》，文物保护实行政府分级管理的体制，在经济社会发展相对落后的地区，由于当地财力、专业能力不足，在文物调查、考古发掘、保护方面相对滞后。

中国水电工程已将文物保护作为建设征地移民工作的重要内容，强调专业化的规划设计，足额计列文物保护经费，有效保障文物保护工作顺利开展。例如三峡文物保护中，制定了近 7 亿元（1993 年 5 月价格水平）的文物保护经费预算，这是新中国成立以来对区域文物保护经费投入最多的一次，为保护白鹤梁等三峡库区文物提供了充足的经费。

水电工程建设征地范围的文物具有分布广、文物点多、埋藏量大、未知系数高、难以避让等特点。大中型水电工程开发中，在规划设计、实施阶段，通常邀请专业的文物保护工作者参与研究、规划设计和实施，提升了文物保护的质量和水平。例如三峡文物保护调集了全国众多文物保护力量的参与，据不完全统计，全国有 225 所文物保护研究机构和高等院校的数千名文物保护工作者参加了三峡文物保护，这是新中国成立以来由国家文物主管部门为某一地区调集单位和专业人员最多的一项文物保护工程。

在重大水电工程文物保护工作中，针对文物保护工程量大、技术难度高等特点，广泛应用 DNA 技术、地层提取技术、水下考古勘探、遥感考古、红外照相技术、孢粉分析法等现代科学技术和方法，将电探 CT、探地雷达和光透视粒度分析仪等先进仪器应用在了考古勘探和考古发掘中。采用了安全环保的新材料、新工艺、新技术、新装备，加大了对文物的保护力度。

案例 5-27　白鹤梁：世界唯一的水下博物馆

白鹤梁位于重庆市涪陵区城北江心处，因传说白鹤群聚梁上而得名。白鹤梁是一道天然石梁，长年沉没于江中，只有在每年冬春之交的低水位时才有可能露出水面。当石鱼露出时，观鱼的人群汇聚白鹤梁，其中不少文人墨客将诗文或随笔镌刻在石梁上，石刻逐渐增多，并有石鱼、白鹤、观音像等图形。经千余年的延续，160 余幅（包括 3 万余字、20 余幅图形）水文题刻群形成，其中以北宋文学家、书法家黄庭坚的"元符庚辰涪翁来"最为有名，还有朱熹、朱昂、秦九韶、谢彬、张师范、吴革、王世祯等历代达官贵人和文人墨客的书法题记。白鹤梁水文题刻是世界上规模最大、历史延续时间最长的水文题刻，它记录了自唐广德元年（763 年）至 20 世纪初 1200 多年间的 72 个枯水年份的长江水文资料，被称为"水下碑林"和"世界第一水文站"，因三峡水利枢纽工程的修建而需要保护。

白鹤梁水文题刻水下保护工程是一项全国重点文物保护工程（图 5-8）。在 20 世纪 90 年代，中国就白鹤梁水文题刻的保护进行了多方位的论证和保护，对迁移保护和原址保护、留取资料保护等多种方案进行反复比选。最终认为，长江水是白鹤梁水文题刻最为重要的环境，不移位，不切割的原地保护策略是保持白鹤梁水文题刻原生态的唯一策略，这一策略不仅体现了《中华人民共和国文物保护法》和《威尼斯宪章》精神，也使白鹤梁水文题刻保持了整体的原形，避免了在移位和切割中的人为破坏。

2009 年 5 月，白鹤梁水下博物馆终于在长江三峡涪陵水域落成。白鹤梁水下博物馆是目前世界上唯一的水下博物馆，标志着中国文物保护工作已达到了相当高的水平，表明了中国政府对保护文物的高度重视，体现了中国当时最新的文物保护理念。在白鹤梁水文题刻水下保护工程的建设中，文物工作者们克服了工程量大、技术难度高等困难，在没有影响三峡水库蓄水进度的情况下，对文物进行了妥善保护，体现了"既对基本建设有利，又对文物保护有利"的文物保护方针。

白鹤梁水下博物馆以"无压容器"的建设方案，解决了由于水压而使水下建筑物容易移位的难题，是一项领先于世界的方案。在这个水下博物馆的建设中，第一次采用了水下 LED 光纤照明系统，第一次采用水下不燃电缆，第一次采用水下循环水系统等。为了保证水下博物馆建筑体的安全，在水下建筑体的水域范围设置了两道保护坎，采取禁航、禁泊和设置防撞墩等措施，涉及水域近万平方米，可抵御万吨轮船的撞击。如此大规模的安全保障在当时的国际上非常少见。

图 5-8　白鹤梁水文题刻原貌和水下原址保护后的面貌

5.8.5　多措并举保护非物质文化遗产

在中国水电开发中，对少数民族民风民俗、传统手艺、传统艺术等非物质文化采取多种形式的保护。例如在移民安置中通过建设居民点、支持民族风貌打造、建设民俗文化广场、支持少数民族特色节庆活动，支持少数民族民风民俗等非物质文化的传承；项目法人、地方政府积极参与少数民族特色的节庆活动，使社会更加关注少数民族民俗文化，并通过媒体的宣传报道帮助少数民族民俗文化更广泛地传播。

案例 5-28　打造清平乡彝族特色移民安置点

向家坝水电站建设征地影响涉及的四川省屏山县清平彝族乡是少数民族自治乡，为彝族人口聚居地区，具有典型的少数民族文化特色。在向家坝水电站开发过程中，为保护彝族少数民族民俗习惯，经过项目法人、地方政府协调，并在充分征求彝族移民意见的基础上，建设了安置人口规模

660 余人的清平乡彝族聚居点集镇，由项目法人中国长江三峡集团公司支持彝族风貌打造资金，将清平集镇打造成彝族特色小镇，把彝族风貌、民族符号、图腾等元素融入集镇规划和建筑设计中，受到彝族移民的欢迎。

为支持清平乡彝族非物质文化的传承、传播，项目法人、地方政府应邀参与，并积极支持彝族移民的彝族年、火把节活动，与彝族移民群众一起欢歌载舞，庆祝节日活动，体现对彝族文化的尊重；通过对举办"火把节"活动给予一定的经费支持，帮助彝族移民更新活动庆祝的长号及唢呐等乐器及节日服饰，搭建更好的庆祝活动平台，并邀请社会媒体对彝族重要活动进行报道宣传，使社会更加关注彝族民俗文化，帮助彝族民族民俗文化得到更广泛的传播（图 5-9）。

图 5-9　建成的清平彝族安置点文化广场及彝族年活动

5.9　关注少数民族，重视弱势群体

中国水电工程开发经历了从东部地区到西部地区的发展历程，水电工程开发与少数民族之间的联系日益紧密。一方面，西部地区成为中国水电工程开发的重点区域。在中国的大中型水电工程中，大部分水电站修建在水力资源丰富、地势落差较大的西部高山峡谷地区，如黄河上游、澜沧江、金沙江、怒江等流域，水能资源理论蕴藏量超过 56 亿 kW，占全国水能资源理论蕴藏总量的 83%。另一方面，中国少数民族也大都聚居在西部地区。全国人口普查数据显示，西部 12 个省（自治区）人口总量仅占全国总人口的 28% 左右，而少数民族人口数量约占全国少数民族总人口的 72%，西部地区的水电工程建设会产生大量的少数民族移民。

西部少数民族地区在中国水电开发中具有重要地位，但由于自然环境复杂、生计方式多样、社会结构特殊、文化形态多样，许多少数民族移民在远离原有的生活环境后可能无法快速适应新的生活环境。针对民族地区诸多特殊性，中国在水电工程开发前期的移民安置工作中充分考虑到民族地区特有的自然地理条件、生产方式、人际关系、社会结构、宗教信仰和风俗习惯等，紧密围绕上述特点开展移民安置规划。同时对于移民中的弱势群体也给予额外的帮扶，以保证少数民族移民在离开原有的生活聚居地后能够迅速适应新的环境，进而促进少数民族地区社会和谐与稳定。

5.9.1　因地制宜选择土地开发，安置移民

在少数民族地区，受生产力发展水平的限制，多数移民文化水平偏低，缺乏除农业技能以外的其他就业能力，移民对土地的依赖程度较高。因此需要在安置时充分考虑当地资源分布情况，结合建设征地区地形、地势和区域气候特点以及少数民族风俗习惯，充分利用当地的剩余土地资源，积极推动农业产业结构调整，发展优势农业，宜农则农、宜林则林，因地制宜地选择土地开发，安置移民。同时配套相应的农业基础设施（比如道路、灌溉设施等），定期开展生产技能培训等，实现移民的可持续发展。

案例 5-29　黄河公伯峡水电站

黄河公伯峡电站建设征地涉及青海省 2 州 3 县，淹没耕地面积 7582 亩，园地 995 亩，需生产安置人口 5679 人。水库所处地区为少数民族聚居区，主要民族为藏族和回族。建设征地涉及的 3 个县均为贫困县，经济相对落后，社会生产以传统的农业为主，工业所占比重较小。本区土地资源总量虽然较大，但利用难度大，农业安置移民容量有限。

水电站生产安置人口全部在本县区域内安置，采取的安置方式主要有两种：集中外迁农业生产安置和后靠农业生产安置。外迁移民集中安置点有 3 个，包括甘都农场安置点、夏藏滩安置点和河东安置点，安置移民5267 人，占生产安置总人口的 93%。由于当地资源较为匮乏，在安置移民时充分考虑当地资源分布情况，结合建设征地区地形、地势和区域气候特点以及少数民族风俗习惯，按就近原则选择安置区。为了充分利用库区剩余资源，采取开发荒地荒山、调整土地等形式，生产开发方式采用了"开发高台滩地主营农业""开发开荒"和"旱改水地"等多种方式，有效缓解

了环境容量不足的问题。同时，结合地区的自然气候条件及生产生活习惯开展安置区内种植业规划，积极推动农业产业结构调整，配套相应的农田灌溉设施，并定期为移民开展生产技能培训。这种因地制宜选择土地开发、安置移民的举措有效保障了移民的生计得以快速恢复，实现了移民的可持续发展。

5.9.2　重视安置区社会文化功能的延续

中国黄河上游河谷地带是人口密集、多民族聚居的地区，区域内流行藏传佛教、伊斯兰教、道教等，又是草原文化和农耕文化的交汇地，是一个典型的多元文化区。在该地区水电工程建设的移民安置规划中，需要充分考虑到移民的宗教信仰和各民族文化的差异性，尤其是在集中外迁安置到非本民族聚居的地区，安置方式中除了应为少数民族移民提供宗教活动场所外，还应避免有传统文化冲突的两个或多个民族的集中安置。

案例 5－30　黄河公伯峡水电站

黄河公伯峡水库工程涉及搬迁安置人口 5413 人，共设置 3 个移民安置点。其中甘都农场安置点最大，共安置 3200 人，占总安置人口的 59%，该移民安置点内有回族、藏族、撒拉族等兄弟民族，在移民安置过程中考虑了各民族的生活习惯及宗教信仰的差异，结合安置区生产实施规划，对回族移民、藏族移民进行分区、分片集中安置。甘都农场安置点规划了 3 个移民村庄，即回族移民村、藏族移民村和群科园艺场甘都分场驻地，并在村庄建设规划中适当考虑原有村庄结构进行布置，回族村庄背靠背布置，藏族村庄单排布置。鉴于原有的很多宗教设施被淹没，迁移安置后，为尊重当地回族、藏族移民的宗教习俗，保证库区兄弟民族群众继续拥有宗教活动场所，在新建村庄中心重新规划修建了清真寺、嘛呢院等宗教寺院，有效保护和延续了当地宗教文化传统。

公伯峡水库在移民社区重建中，始终坚持"使移民的搬迁距离尽量近，邻近地区的居民同时搬迁"的原则，对生活习俗、宗教信仰相近的兄弟民族集中安置。这不仅有利于兄弟民族进行正常的宗教活动和生产、生活，更有利于把移民区建设成为各民族和睦相处、共同繁荣的区域。

5.9.3 建立合理的宗教设施补偿评估体系

中国的少数民族大都有自己的宗教信仰，宗教活动和设施在少数民族的日常生活中发挥了举足轻重的作用。中国水电工程建设涉及部分少数民族的宗教设施，针对不同类型的宗教设施如何补偿处理，需要重点研究并建立科学合理的评价体系。通过不断总结研究，针对宗教设施中的可搬迁部分、不可搬迁部分（如寺院、经堂、佛塔、壁画、泥塑佛像、转经房、本康、煨桑台等）以及宗教设施仪式仪轨等提出了一套较为合理的补偿体系，保证了移民安置工作的顺利开展，促进水电开发与少数民族宗教文化共同发展。

案例 5-31 青海羊曲水电站

青海羊曲水电站建设征地区涉及大量的宗教设施，主要有阿措乎寺、清真寺、经幡、水葬台等，其中尤以阿措乎寺最为特殊。阿措乎寺为一座规模较大的藏族寺院，包含了小经堂、佛殿、昂欠、僧舍等多种主要建筑。受宗教因素影响，在寺院调查、新址选址、搬迁安置上较为特殊。由于对有形资产和无形资产缺乏统一的标准和规范，仅按一般工程设计计列费用，在搬迁中实际操作难度很大。另外，特殊的藏族设施补偿价格难以确定。

由于寺院搬迁，村民担心自己的宗教生活难以得到保障。加吾沟村的一位村民代表就说，寺院好比他们的心脏，如果一旦离开了寺院，就像人的身体离开了心脏，肯定将无法生活。老年移民更担心人口外迁、寺院分拆，去世后找不到自己熟悉的大德高僧诵经超度，担心自己的生存发展得不到保障。根据调查，寺院搬迁和重建还将导致如下问题：

（1）供施关系变化，导致寺院无法生存，信教公民得不到适当的宗教服务。一方面，寺院僧人为本村信教公民提供宗教服务，包括在寺院和他们家中开展的宗教活动；另一方面，寺院僧人均来自附近的村庄，其生活开支均由本人家庭承担，寺院的日常开支由本村信教公民提供，形成了集体宗教设施与信教公民不可分割的关系。

（2）信教公民分散安置，不能得到适当的宗教服务。信教公民分散安置，可能出现不同教派信教公民共同居住的情况，原有的宗教设施不能满足信教公民的宗教活动需要。

（3）迁建过程中程序不当，可能引发信教公民不满。按照藏传佛教的价值观，宗教设施一旦开光，就具有神圣性，不能随意搬迁，特别是不能拆毁。并且寺院中有很多壁画和佛像，这些壁画、佛像多为泥胎彩塑，且与寺院建筑物联系在一起，很难做到无损拆迁。

（4）补偿内容不全，使得新的宗教设施无法建立。寺院周围除了僧房外，还有群众为老年信教公民修建的扎康（生活居住房），如何补偿也是一个问题。同时，宗教用途的建筑物，除了建筑物本身的土木工程开支外，为了营造寺院这一神圣空间而采取的所有宗教仪轨活动的支出也很重要。如果不能补偿这部分宗教仪轨的开支，也会导致旧的宗教设施无法拆除，新的宗教设施无法建立。

（5）补偿处理方式不一，可能会出现内藏价值无限扩大情况。在对佛像、佛塔等内藏的调查过程中，由于缺乏完备的内藏资料，特别是内藏中的某些宗教祭祀物品，如高僧大德的衣衫等，价值不易确定，容易出现将内藏价值无限扩大化的情况。

从现场调查结果来看，宗教界人士（参加者一般都是寺管会成员）已经了解水电开发事宜，均表示愿意服从国家对水电建设的需要，同时也认识到水电开发给本地区经济建设带来的发展机会。他们担心的就是寺院如果被淹没，如何搬迁；以及如果不被淹没，库区群众搬迁后寺院因为信教村民搬离而无法生存的问题。因此，以上的宗教设施的补偿处理、搬迁安置工作均很难开展，严重制约了青海羊曲水电站建设征地移民安置工作。

为了顺利推进羊曲水电站的移民安置工作，同时保证少数民族移民获得合理的经济补偿。青海省移民安置局会同项目业主和设计单位，在充分听取了大德高僧、群众和政府意见的基础上，组织引导大德高僧、寺院活佛按照宗教仪轨、规制，结合旅游开发和方便信教公民参加宗教活动，为宗教设施迁（复）建选定新址，以引导移民信教公民积极主动搬迁安置。同时，动员、组织大德高僧、宗教影响人物，利用他们的影响和示范作用从正面去做信教公民的工作。此外，青海省移民安置局委托设计单位开展了"青海省水利水电工程宗教设施补偿标准研究"。根据这一课题研究成果，并结合羊曲水电站阿措乎寺等宗教设施的实际情况，通过对宗教设施及配套基础设施、宗教仪式仪轨等的合理补偿、规划，基本满足了宗教设施搬迁和补偿的要求，使得这一敏感问题得以解决。

5.9.4 重视对弱势群体的帮扶

中国的水电移民安置政策非常关注弱势群体的利益，重视对弱势群体的帮扶，特别是对于贫困移民生存底线的保障和就业困难群体生计机会的考虑，在移民安置工作过程中往往给予水电移民中弱势群体额外的帮扶。主要帮扶措施体现在建房困难户补助、贫困移民救助和针对就业困难群体提供工作机会等方面。

为保障移民顺利搬迁安置，对于移民房屋补偿费不足以修建基本住房的困难移民户，按照新建"砖混结构房屋 35m²/户（单人户）或 25m²/人"的标准，对房屋补偿费差额部分计列建房补助费，帮助处于弱势群体的移民拥有基本住房的权益。

除此之外，还通过采取多种措施，加大对经济困难移民的救助救济和帮扶力度。对确实存在生活困难的移民户进行救济。在将这些移民户纳入最低生活保障对象的基础上，落实帮扶责任制，实行干部与困难移民结对子，培育移民致富带头人，切实解决困难移民户生产生活中存在的突出问题。

对于城镇中年龄在 50～60 岁之间的就业困难人员，很多电站提供公益性岗位以保障其基本生活条件。

这些措施的实施，有效促进了处于困难境遇的移民的生产发展和就业增收，维护了库区和移民安置区社会的和谐稳定。

5.10 全面细致规划，适时调整方案

5.10.1 编制详细的移民安置规划，确保有效指导移民安置实施

中国水电工程移民安置规划设计工作从 20 世纪 80 年代开始，历经 90 年代的蓬勃发展，直到 21 世纪以来的不断创新和逐步完善，为水电工程的建设发展起到了重要的推动作用。从《水利水电工程水库淹没处理设计规范》（SD 130—84）、《水电工程水库淹没处理规划规范》（DL/T 5064—1996）到《水电工程建设征地移民安置规划设计规范》（DL/T 5064—2007），都明确要求移民安置实施前应编制详细的移民安置规划。

对于农村移民安置，采取农业安置的，需要开展土地自然承载能力分析确定移民环境容量，并明确移民安置去向，落实土地筹措方案；要开展安置点的地质勘察工作，加强安置点地质安全隐患的排查与处理，确保移

民居住安全；同时应做好饮用水水源水质检测和水量计算，保证饮用水水源的充足与安全。在第二、第三产业安置移民的，应落实第二、第三产业开发项目，并做好与开发主体的对接。

对于城市集镇迁建，应开展详细的地质勘察和地质灾害性评估工作，编制修建性详细规划，并对场地平整及市政基础设施工程开展详细设计，编制详细概算，计列项目总投资。

对于专业项目迁复建，在坚持"三原"原则的基础上，要兼顾区域经济社会发展的需求，满足移民和周边群众生产生活的需求，开展拟迁复建专业项目的详细规划设计工作。

为加强移民安置技术管理和控制，保障移民安置规划成果的合法有效，详细的移民安置规划编制完成后，项目法人一般会委托相关咨询单位开展技术评审，然后按程序报省级人民政府或省级移民主管部门审核批准，并以审核批准后的移民安置规划作为指导移民安置实施的依据，具有一定的法律约束力。

5.10.2 动态跟踪移民安置实施，适时调整移民安置方案

中国大中型水电工程建设周期较长，例如瀑布沟水电站从可行性研究至蓄水发电、完成搬迁，历时 10 余年；溪洛渡、向家坝等特大型水电工程，其建设周期更加漫长。而水电工程移民安置实施一般也是根据水电工程建设进度分期分批进行的，因此移民安置实施一般时间跨度也较大。虽然在水电工程前期准备阶段开展了充分的论证，并全面征求了移民的意愿，制定了详细的移民安置规划，但由于移民安置实施时间跨度大，期间项目所在区域经济社会的快速发展导致制定移民安置规划的基础条件也会发生变化，移民的诉求和意愿有可能发生较大变化。相比移民安置前期设计阶段，移民安置实施阶段的移民安置规划方案和设计内容可能发生较大变化。因此，中国实行了移民安置实施阶段的移民安置规划动态管理。对于确实由于外部条件而发生规划方案变化的，要根据实际情况适时调整移民安置方案，以使移民得到妥善安置。

案例 5-32 毛尔盖水电站移民安置规划方案的调整

2007 年 7 月，四川省人民政府审核批准毛尔盖水电站移民安置规划报告。2008 年，受"5·12"汶川大地震的影响，原规划的大量可利用土地资

源受损，该区域本已匮乏的可利用土地资源更加稀缺，集中居民安置点附近可开发、调剂、利用的土地人均不足 0.15 亩；另外，地震后移民意愿也发生较大的变化，他们不再愿意接受跨乡和向高海拔地区迁移。基于以上因素，"大农业"安置为主的移民安置方案在毛尔盖水电站建设征地及移民安置涉及区域操作难度巨大。2009 年 2 月，阿坝州人民政府向四川省人民政府提出建立毛尔盖水电站移民补偿机制试点的请示，得到省政府支持，同意可优先考虑使用土地补偿补助费用于移民生产安置。在实施过程中，以征收集体经济组织所有、承包到户的耕（园）地面积为基础，按耕地亩产值逐年发放土地补偿费。

根据出现的新情况，毛尔盖水电站中大胆创新移民生产安置，化解了人地矛盾，减缓资源环境压力，移民满意度提高，同时地方政府实施难度降低，推动了工程的建设。

5.11　政府主导，保障移民安置实施

移民安置实施工作政策性强、涉及面广、关系到方方面面的利益调整，是一项重要的社会管理工作。特别是中国的水电工程移民绝大多数是农村移民，而中国农村实行土地集体所有制，这种产权性质决定了农村移民不能完全用市场化的办法进行安置。同时在现有条件下农村移民也难以实现自我妥善安置，只有通过发挥地方人民政府的组织领导和资源调配能力，把移民安置规划实施工作的各项任务逐级落实下去，才能有效落实移民搬迁的组织动员、移民安置点的建设、土地调整及配套基础设施建设等一系列工作，才能确保移民搬迁安置工作的如期完成。

中国的长期移民工作经验证明，政府一直以来在移民安置实施和管理过程中起着主导作用。移民区和移民安置区县级以上地方人民政府是水电工程移民安置的责任主体、实施主体和工作主体，地方人民政府主导移民安置全过程，其主导作用体现在：①参与实物指标调查和确定移民安置方案；②开展移民生产用地筹措和生产技能培训；③组织移民安置点基础设施建设和公建设施配套建设；④组织移民专项工程迁复建；⑤组织移民阶段性和竣工验收；⑥负责库区经济发展和维护社会稳定。

进入 21 世纪后，随着我国大规模开展水电开发，移民规模大幅度增加，

安置难度逐步加大，对移民管理的要求也逐步提高。政府主导下的移民安置实施管理工作体现了中国的制度优势，政府在协调移民搬迁安置、确保搬迁安置任务按计划完成，维护库区社会稳定、保证库区长治久安、人民安居乐业，引导经济持续发展、保障移民群众收入水平逐步恢复等方面发挥着越来越不可替代的作用。

以三峡电站移民搬迁安置为例，其移民安置的实践就充分展现了政府主导下集中力量办大事的优越性。1993年开始，全国21个省（自治区、直辖市）、10个大中城市、国家50多个部门和单位，按照"优势互补、互惠互利、长期合作、共同发展"的原则，积极开展了对口支援三峡库区移民工作。对口支援不仅为库区带来了大量的项目和资金，直接促进了库区经济的发展，并且在技术装备、人才培训与交流、信息服务、吸收劳务、开展科技咨询等方面做出了巨大贡献，提高了库区的发展能力。1999年国务院决定实施关于农村移民外迁安置和工矿企业迁建政策的"两个调整"和关于地质灾害、生态环境影响的"两个防治"；2003年起，国务院设立三峡库区产业发展基金，实行移民后期扶持政策。

总结起来，国家政府层面动用的举措主要包括以下三个方面：

（1）安排专项移民资金，进行开发性移民试点。1985—1992年，国务院每年拨出一定的专款，在三峡库区进行了连续8年的开发性移民试点工作。1985年3月，中共中央、国务院成立专门机构负责领导三峡水库移民试点工作。三峡水电站移民试点工作包括柑橘园建设、城市基础设施建设、工矿企业建设、移民智力培训等方面的试点项目70多个。8年试点期间，国家共安排移民试点经费5亿元。

（2）部署对口支援政策，促进库区移民搬迁。1992年，党中央、国务院做出了全国对口支援三峡水电站库区移民的重大决策。在国家的统一领导下，全国21个省（自治区、直辖市）、10个大中城市、国家50多个部门和单位支援库区的移民搬迁安置工作，形成了全社会、全方位、多形式、宽领域支援库区移民开发和安置的良好局面，有力地推动了移民工作的顺利开展，促进了库区经济社会发展。

（3）制定优惠扶持政策，支持库区经济发展。三峡水电站建设初期，国家财力有限，国务院决定征收三峡工程建设基金，支持三峡水电站建设。在移民安置方面，国家有关部委先后出台库区产业发展基金、水库移民后期扶持基金、库区移民耕地占用税返还、鼓励"两个调整"等多项重大优惠扶持政策，支持三峡移民工作和库区经济社会发展；有关省市为了妥善安置三峡外迁移民，也制定出台了优惠政策，建立健全了财政配套政策，并落实帮扶资金。

这些国家政府层面的重大举措有力推进了移民搬迁安置工作的顺利进行，对维护移民合法权益和库区社会稳定发挥了重要作用。到 2009 年年底，三峡水电站移民安置规划任务全面完成。

5.12 健全管理机构，保障移民工作

随着国家水电工程开发的蓬勃发展，为加强对水电工程移民工作的管理，各地移民管理机构不断完善，机构不断健全，人员趋于稳定，专业化程度不断提高，对推动水电工程移民工作起到了较好的保障作用。

中国在不同的历史时期，根据水电工程移民工作的需要，均设置了不同层级的移民管理机构，并由最初的服务于单个水电工程移民安置工作的临时机构，发展成为当前的政府常设专门机构。当前，各地移民管理机构均配备了较为固定的人员，制度完善，管理机构健全，配备的人员熟悉政策，能正确把握政策，协调好移民、政府相关部门和建设单位之间的关系，对推进水电工程移民工作起到了重大作用。

此外，一些重大的水电站项目，或工程征地涉及多个省的水电站项目，除了国家层级的统一管理外，还根据工作沟通协调的需要，建立省级政府、项目法人等多方协调机构，避免因各地区移民工作的偏差而影响整个项目的移民安置进度和效果。

案例 5-33 贵州省移民管理机构

以贵州省为例，2001 年贵州省理顺全省移民管理体制，成立贵州省移民开发领导小组，由省长任组长，成立省移民开发领导小组办公室，为省政府正厅级事业单位，履行全省移民行政管理职能，2009 年机构改革中更名为贵州省水利水电工程移民局，为省政府直属正厅级单位，统一负责全省水利水电工程移民管理和监督。建立和完善市、州、地移民机构，各市（州、地）均设立了县处级移民开发局。有移民安置任务的县均成立了相对独立的移民工作局，乡（镇）设立移民工作站。移民搬迁安置规模超过 2 万人的市（州、地）、超过 5 千人的县（市、区），增加设置分管移民工作的专职领导干部职数。贵州省移民管理机构图见图 5-10。

2018 年，贵州省人民政府进行了机构改革，原贵州省水库和生态移民

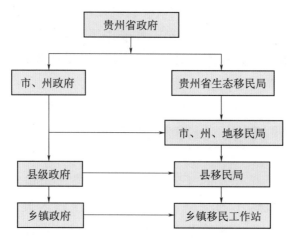

图 5-10　贵州省移民管理机构图

局改为贵州省生态移民局，为省人民政府正厅级直属单位。

案例 5-34　三峡水电站移民管理机构

为保证三峡水电站的顺利建设，国务院于 1991 年成立了国务院三峡工程建设委员会，作为工程建设和移民工作的高层次决策机构，下设国务院三峡工程建设委员会办公室负责日常工作。移民涉及的湖北省、重庆市以及外迁涉及的 11 个省（直辖市）分别成立了省、市、县移民管理机构，具体负责三峡移民搬迁安置工作。三峡水电站移民管理机构图见图 5-11。

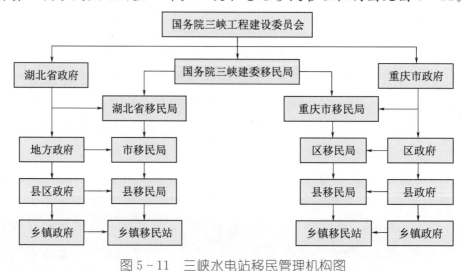

图 5-11　三峡水电站移民管理机构图

案例 5-35　金沙江下游水电移民工作协调机构

为加强对金沙江下游水电移民工作指导和协调，国家能源局牵头成立了金沙江下游水电移民协调领导小组。

协调领导小组由国家能源局牵头，成员由四川和云南省发改委、移民机构、相关州市政府、中国长江三峡集团公司、水电水利规划设计总院及设计单位组成。协调领导小组主要职责为：协调金沙江下游梯级电站移民政策；指导、督促移民的前期及实施等工作；建立通报机制，加强两省移民政策和搬迁情况的沟通；协调解决移民工作中的重大事项和问题。协调领导小组及办公室的成立，对加快金沙江下游水电开发，维护移民合法权益，促进项目影响区社会稳定具有重要意义。

5.13　完善标准体系，全面技术控制

随着经济社会的发展，中国水电工程移民安置相关的技术标准体系逐步建立和完善。当前移民安置技术标准覆盖了通用及基础标准、规划及设计、建造调试及验收、运行维护、退役等各阶段，这些技术标准构成了中国水电工程建设征地移民安置技术标准的基本框架，明确了各个阶段移民安置相关技术工作"做什么"和"怎么做"，对不同阶段的移民安置活动进行了有效的技术控制，有力地保障了移民安置工作的顺利实施。

5.13.1　技术标准日趋完善，已基本建立完整的标准体系

20 世纪 80 年代以前，中国没有专门指导水电工程移民安置工作的技术标准。1962—1964 年，原水利电力部水电建设总局曾组织编制了《水利水电工程水库淹没处理设计规范》，并形成了《水利水电工程水库淹没处理设计规范（研究班定稿）》，但由于历史原因，该技术标准未正式发布，但在 20 世纪六七十年代，在部分开展水电工程建设征地移民安置规划设计的工程中有所应用。

1984 年，原水利电力部颁发了《水利水电工程水库淹没处理设计规范》（SD 130—84），这是中国第一部关于水利水电工程建设征地移民安置方面的技术标准，在很长一段时期较好地指导了中国水利水电工程移民前期设

计工作，为移民安置规划设计走向规范化起到了重要作用。此后，1986年，水利电力部水利水电规划设计院又颁发试行了《水利水电工程水库淹没实物指标调查细则》和《水库库底清理办法》，作为《水利水电工程水库淹没处理设计规范》（SD 130—84）的补充规定。

1996年11月，为适应《中华人民共和国土地管理法》（1988年）、《大中型水利水电工程建设征地补偿和移民安置条例》（国务院令第74号）、《关于加强水库移民工作的若干意见》（国发〔1992〕20号）的规定，电力工业部对1984年移民规范进行了修订，发布了《水电工程水库淹没处理规划设计规范》（DL/T 5064—1996）。

2007年7月20日，为适应《大中型水利水电工程建设征地补偿和移民安置条例》（国务院令第471号）的修订，国家发展和改革委员会以2007年第42号公告发布了《水电工程建设征地移民安置规划设计规范》（DL/T 5064—2007）、《水电工程建设征地处理范围界定规范》（DL/T 5376—2007）、《水电工程建设征地实物指标调查规范》（NB/T 10102—2018）、《水电工程农村移民安置规划设计规范》（DL/T 5378—2007）、《水电工程移民专业项目规划设计规范》（DL/T 5379—2007）、《水电工程移民安置城镇迁建规划设计规范》（DL/T 5380—2007）、《水电工程水库库底清理设计规范》（DL/T 5381—2007）、《水电工程建设征地移民安置补偿费用概（估）算编制规范》（DL/T 5382—2007）等8项规范。

2013—2017年，国家能源主管部门又先后发布了《水电工程建设征地移民安置验收规程》（NB/T 35013—2013）、《水电工程建设征地移民安置综合监理规范》（NB/T 35038—2014）、《水电工程建设征地移民安置规划大纲编制规程》（NB/T 35069—2015）、《水电工程建设征地移民安置规划报告编制规程》（NB/T 35070—2015）、《水电工程移民安置独立评估规范》（NB/T 35096—2017）共5项规范。

按照覆盖工程建设全生命周期的理念，2017年中国颁布了《水电行业技术标准体系表（2017年版）》，基本建立了水电工程建设征地移民安置技术标准体系，涵盖通用及基础标准、规划及设计、建造调试及验收、运行维护、退役各阶段共设置技术标准28项。目前这些标准中已颁布实施14项，已下达制订计划、正在开展制定工作的技术标准10项，拟编制4项。已颁布实施的14项标准涵盖建设征地范围、实物指标调查、农村集镇和专业项目移民安置规划设计、库底清理设计、补偿费用概（估）算、移民监测评估和相应报告编制等领域，各项技术标准均有明确的工作内容、设计参数、技术要求、设计深度、成果构成等具体要求，这些技术标准有效地指导了当前中国水电移民安置各阶段的工作。中国水电工程征地移民技术标准在建设征地范围确定、实物指标调查、移民安置规划设计、安置实施监测评估及验收、征地移民后续发展等方面有明显的优势，具有较好的技术指导作用和实践操作性，而且这些技术标准在移民安置规划方面的理念与国际金融机构政策具有相通性，部分技术标准已在国外进行了尝试，取得了较好效果。中国水电工程建设征地移民安置技术标准制定、修订历程见图 5-12。

5.13.2 技术控制贯穿于移民安置活动的全过程

水电移民安置活动一般包括规划设计、计划实施、验收、后期扶持等，在不同的工作阶段和工作活动中，技术控制始终贯穿其中。如在移民安置规划设计、计划实施和验收等各阶段工作中，中国均已建立了一套较为完善的技术标准，这些技术标准为开展各项移民安置工作提供了技术依据，对移民安置活动中涉及的各类技术工作予以明确的规定。

另外，根据中国建设项目审批机制和政府依法行政的有关规定，中国水电移民安置各类技术成果的审批均需通过咨询审查。咨询审查是对移民安置实施全过程的技术管理和控制的有效手段，通过充分发扬民主，集中专家智慧，在移民安置活动的科学决策方面起到较好作用，保障了移民安置活动的科学、合理。例如三峡水电站，国务院三峡工程建设委员会办公室根据三峡移民工程规划与设计咨询评审的需要，依据国家发展改革委关于工程咨询业的有关管理制度，结合三峡水电站移民的实际情况，加强移民工程咨询法规与制度的建立，初步建立了适合三峡移民工程特点的移民工程规划与设计成果咨询评估制度，从制度上保证了"先咨询后决策"，项目决策程序得到顺利实施，促进了移民工程咨询的制度化和规范化。

5.14 加强过程管控全面监督管理

移民安置是集社会、政治、科学、经济等方面为一体的综合性、复杂性的社会系统工程，不仅涉及工程项目的建设，也涉及人的搬迁和生计恢复、民族宗教文化的保护，其处理对象千差万别，活动参与各方利益交织。与交通、电力等工程建设的征地拆迁相比，大中型水电工程的移民安置工作一般时间跨度更长、情况更复杂。为了保证移民安置政策的平稳延续，

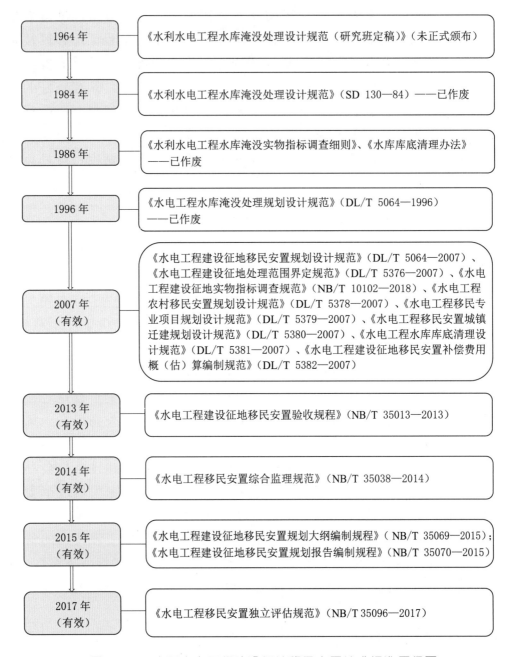

图 5-12 中国水电工程建设征地移民安置技术标准历程图

实现移民规划目标，确保尽量按审批规划实施，水电行业借鉴国际国内工程建设管理的经验，引入咨询、监理、评估等社会服务，并根据政府决策民主科学化、工作社会化的发展要求加强过程管控，进行全面的监督管理，同时结合中国水电工程移民工作的实际情况和特点逐渐发展完善，开展移民安置实施全过程技术咨询、关键环节技术审查、综合监理和独立评估。

5.14.1 推行全过程技术咨询服务

移民安置全过程技术咨询，是借助社会上有资质、有能力的工程咨询服务机构的力量，组织熟悉法规政策和技术标准、具备丰富的实际经验以及具备较强的宏观把控和协调能力的专家，充分发扬民主精神，集中专家智慧，为地方移民管理机构、项目法人提供水电工程移民安置从规划设计到实施、直至验收全过程的移民技术、管理、政策等方面的技术服务，从而达到优化移民安置规划设计，降低移民投资成本，提高移民工程质量的目标。在规划设计阶段，技术咨询单位可以为地方政府行政决策和出台政策提供技术支持，为项目法人投资决策和项目核准报批提供技术支持，为设计单位的技术研究提供技术支持；在实施阶段，可为地方移民管理机构（主要是省级移民管理机构）在移民规划调整、设计变更、概算调整、政策和制度研究等方面提供技术支持；在验收阶段，为地方政府提供移民专项验收技术支持。

例如：受项目法人的委托，水利水电规划设计总院承担了金沙江向家坝水电站移民安置全过程咨询，自 2000 年项目规划阶段启动，历时近 20 年，覆盖了前期规划阶段的移民安置方案选择、2008 年围堰合龙及大江截流、库区移民搬迁、2012 年下闸蓄水等过程的技术服务，目前正在服务设计变更和概算调整工作，内容涉及安置点选择、移民安置规划报告编制、实施规划设计大纲编制、实物指标复核调查、农村移民安置规划调整、围堰移民特殊措施方案、城市集镇和居民点迁建规划设计、交通水利电力通信等移民工程初步设计报告编制、设计优化和变更、补偿补助标准调整、影响区处理以及围堰截流、工程蓄水移民专题验收、政策调整等移民安置技术、政策和管理工作各个方面，完成的咨询成果超过 500 份。全过程的技术咨询，帮助设计单位提升设计质量，促进勘测设计进度；帮助项目法人加强技术管理，使移民安置规划顺利通过审查和工程核准，减少不必要的资金浪费，保障水电工程顺利建设和按期蓄水发电；帮助省级移民管理机构对数百项移民单项工程的初步设计、设计变更进行决策，及时解决实施过程中遇到的移民安置问题，并提升移民干部工作管理水平和技术水平。

5.14.2 加强关键环节的技术审查

抓好关键环节的技术审查，是提高移民安置规划设计质量、妥善安置移民的重要措施。《大中型水利水电工程建设征地补偿和移民安置条例》（国务院令第 471 号）明确规定了移民安置规划大纲和移民安置规划的审批、审核程序以及变更、调整的相关程序，国家和省级政府也对移民安置实施阶段设计变更管理做出了明确规定。中国在移民安置的关键环节进行技术审查的管控手段，检查规划设计成果的合法合规性，充分论证方案的技术经济合理性和实施的可行性，并充分征求和听取各方意见。

（1）行业技术归口单位组织对水电工程正常蓄水位选择、施工总布置及水库影响区界定等专题报告的审查，以确定建设征地范围，方便省级人民政府发布停建通告，避免抢栽抢种和不必要的基础设施建设浪费。2007 年以后核准的大中型水电工程均要求对上述三个专题进行技术审查。

（2）省级或市级移民管理机构组织实物指标调查细则的审查，审定的调查细则是联合调查组全面准确的开展实物指标调查工作的依据。例如：向家坝水电站可行性研究阶段实物指标调查时间与工程核准开工的时间间隔长达 4 年，库区的实物指标已发生了较大变化，因此在项目核准以后项目法人、地方政府、设计单位和综合监理单位共同开展了全库区的实物指标的复核调查工作。在实物指标复核调查前，设计单位充分了解库区的实物指标的变化情况，衔接移民政策的调整以及上游溪洛渡水电站的有关情况，考虑云南、四川两省新的诉求，广泛征求各级政府、移民机构及项目业主意见，四川和云南两省编制了《实物指标调查复核工作细则》，经省级移民管理机构组织审查后报省级人民政府批复。

（3）省级移民管理机构开展移民安置规划大纲的审查，审定的移民安置规划大纲上报省级人民政府或国务院移民管理机构审批后，是编制移民安置规划的基本依据。

（4）省级移民管理机构或国务院移民管理机构开展移民安置规划的审核，经批准的移民安置规划是组织实施移民安置工作的基本依据。2007 年以后中国核准的水电工程均按审批、审核程序对移民安置规划大纲和移民安置规划进行了审查。

（5）在实施过程中，地方移民管理机构根据管理权限组织对设计变更进行审查，推动移民工程建设和移民安置。例如：在移民安置实施阶段，四川省级移民管理机构在长达 13 年的时间里，组织开展了覆盖向家坝水电站农村移民安置、集中安置点和城市集镇迁建、水利、交通、学校、医院、垃圾填埋场和污水处理站等项目的上百项设计变更的审查，并组织设计单位分别编制了农村、集镇、县城、交通、水利、学校、医院、环保等 8 本设计变更汇总报告。

（6）省级移民管理机构或国务院移民管理机构对移民安置规划调整或移民补偿费用概算调整进行审查，处理移民遗留问题，解决因移民政策调整、物价变化、安置标准调整、设计变更等原因导致的移民安置规划方案和移民补偿费用调整，以确保项目法人足额支付移民补偿费用。例如：2004 年水电水利规划设计总院会同贵州省移民管理机构根据《中华人民共和国土地法》的相关要求对洪家渡水电站调整土地补偿倍数，对移民安置规划进行调整，审定的移民补偿费用较 1999 年可研审定概算增加 2.5 亿元；2008 年，水电水利规划设计总院会同贵州省发改委对《遗留问题处理报告》进行审查，调整后的移民补偿费用较 2004 年成果增加 10.7 亿元；2018 年，贵州省移民管理机构组织对《移民实施调整报告》进行审查，全面梳理从规划、遗留问题处理、实施等过程中的问题，对电站水库移民工作进行系统总结，调整后的移民补偿费用较 2008 年成果减少 0.14 亿元。

5.14.3 实行社会监督评估

中国颁布实施的《大中型水利水电工程建设征地补偿和移民安置条例》规定，国家对移民安置实行全过程监督评估，全过程监督主要体现为行政监督和社会监督。

行政监督是省、自治区和直辖市人民政府和国务院移民管理机构依据国家的法律、法规和政策及其授权机构颁布的规范、标准，对征地及移民安置活动进行监督、管理和协调，是按照国家行政管理体系实施的监督。

社会监督是指依靠社会力量对地方政府实施的移民安置活动进行全过程监督评估。根据现行的有关规定，社会监督包括了移民综合监理和移民独立评估。在中国，社会监督工作一般由签订移民安置协议的地方人民政府和项目法人采取招标的方式，共同委托有移民监督评估专业技术能力的单位对移民搬迁进度、移民安置质量、移民资金的拨付和使用情况以及移民生活水平的恢复情况进行监督评估，被委托方将监督评估的情况及时向委托方报告。

移民安置监督评估实行移民安置总监督评估师负责制。总监督评估师应当由具有工程类、经济类等与移民工作相关的高级专业技术职称和三年以上移民安置监督评估工作经历的移民安置监督评估师担任，负责全面履行合同约定的移民安置监督评估单位职责，发布有关指令，签署移民安置监督评估文件，协调有关各方的关系。

根据相关规定，移民安置监督评估应以经批准的移民安置规划大纲、移民安置规划以及设计变更文件，项目法人与地方人民政府签订的移民安置协议，移民安置年度计划，移民安置监督评估合同，以及其他有关文件作为依据，通过对农村移民安置、城市集镇迁建、工业企业处理、专业项目处理、水库库底及工程建设区场地清理等移民安置实施情况进行全过程检查、监测，并对监测中发现的问题进行督促、协调，从而对移民搬迁进度、移民安置质量、移民资金的拨付和使用、移民生活水平的恢复进行评价和预测。移民监督评估工作必须体现独立、公正、公平、诚信、科学的原则，其基本职责和权限主要包括：参与审查技施设计阶段移民安置规划设计成果，参与移民安置规划交底，参与审核移民安置年度计划，参与论证、审查移民安置规划设计变更；监督评估移民安置进度、移民安置质量、移民资金的拨付和使用、移民生活水平恢复情况；建立移民安置监督评估信息管理制度，并及时向委托方报告；协助委托方、实施单位对移民工作人员进行培训；参与移民安置验收工作；以及监督评估合同约定的其他职责与权限等。监督评估方法上主要采取定点与巡回相结合的方式，采取走访座谈、检查核查、抽样调查、统计分析、查阅资料、实际测量等方法。

中国推行移民安置社会监督评估，进一步规范了移民安置实施工作，取得了较好效果。

5.15 创新利益共享，助力库区经济发展

中国水电工程移民安置采取以土地为基础的农业安置和后期扶持，对保障移民生产生活水平的恢复，维护社会稳定起到了重要作用，但移民未能进一步分享水电开发带来的收益。为构筑水电开发共建、共享、共赢的新局面，中国目前正在探索建立健全移民、地方、企业共享水电开发利益的长效机制。就水电开发项目而言，移民分享到的利益，不仅包括水电工程通过发挥防洪、灌溉、供水、旅游、航运、养殖等综合功能而创造的各类直接或间接的经济收益，也包括由水电工程建设运营而衍生出的一系列非货币形式的隐性收益，如就业机会增加、基础设施改善、公共服务体系健全、生计资源利用效率提高、区域经济发展环境优化等，其核心在于结合工程实际来确认并保障移民对上述主要效益及收益的合法享有权和优先分配权。

在政策层面上，有关移民政策也充分体现了在效益分配环节向移民倾斜的国家意图。如 2017 年修订的《大中型水利水电工程建设征地补偿和移民安置条例》（国务院令第 679 号）明确指出，"在符合相关管理要求的前提下，库区水面和消落区优先安排农村移民经营使用"，并规定"国家在移民安置区和大中型水利水电工程受益地区兴办的生产建设项目，应当优先吸收符合条件的移民就业，同时鼓励大中型水利水电工程受益地区的各级地方人民政府及其有关部门按照优势互补、互惠互利、长期合作、共同发展的原则，采取多种形式对移民安置区给予支持"。《国务院关于完善大中型水库移民后期扶持政策的意见》（国发〔2006〕17 号）也对后期扶持资金的筹集原则做出明确要求："坚持全国统筹、分省（区、市）核算，企业、社会、中央与地方政府合理负担，工业反哺农业，城市支持农村，东部地区支持中西部地区，同时鼓励并引导社会捐助和企业帮扶等多元社会力量参与水库移民后期扶持工作"。

为充分发挥流域水电综合效益，建立健全移民、地方、企业共享水电开发利益的长效机制，逐步构筑水电开发共建、共享、共赢的新局面，2019 年，中国国家发展改革委等六部委以《关于做好水电开发利益共享工作的指导意见》（发改能源规〔2019〕439 号）进一步明确了建设水电工程利益共享机制的总体原则和相关要求。该意见强调：一是统筹协调、倾斜移民。统筹协调水电建设与促进地方经济发展和支持移民脱贫致富、移民搬迁安置与后续发展需要、龙头水库电站与下游梯级电站补偿效益分配、水电综合效益与企业效益等关系，整合资源，完善移民政策，使移民在依法获得补偿补助基础上，更多地分享水电开发收益。二是利益共享、多方共赢。充分发挥水电开发的经济效益和社会效益，推动库区发展、移民收益与电站效益结合；通过政策扶持和机制保障，实现移民长期获益、库区持续发展、电站合理收益有保障的互利共赢格局。

案例 5-36　向家坝电站探索利益共享，促进移民可持续发展

在向家坝水电站开发过程中，项目法人积极履行企业社会责任，探索与移民、移民安置区分享电站收益的方式。在向家坝水电站投产发电后，为支持移民生计恢复和可持续发展，项目法人中国长江三峡集团有限公司从向家坝水电站的发电收益中提取一定比例的资金 [目前为 0.003 元/(kW·h)]，设立三峡集团公益基金会金沙江水电基金，主要用于金沙江下游水电移民生

计恢复、可持续发展和生态环境保护。

向家坝水电站每年发电量307亿kW·h，可提取金沙江水电基金约0.9亿元。项目法人在充分征求移民、移民安置区、地方政府意见的基础上，实施爱心帮扶、能力提升、民生改善、产业扶持、友好社会建设等项目，让移民在向家坝水电站开发中长期受益。

在帮助移民弱势群体方面，项目法人开展一系列慈善帮扶活动。通过实施"水库移民妇女发展扶持基金"，2012—2014年，共帮扶向家坝水电站贫困大中学生3301人次，援助大病患者311人次，建设妇女之家（对妇女开展就业培训）18个，配置母亲健康快车（为妇幼保健院配备的救护车及相关设施）4台，培训移民（短期培训）1000余人次，有效帮扶电站移民困难家庭，有力支持移民妇女发展事业，有效促进库区和谐稳定发展；通过开展"向家坝库区娃娃行"活动，帮助3000余名儿童走出大山，感受大国重器的宏伟和伟大祖国的繁荣昌盛，树立远大目标；通过实施"春节慰问"和"暖冬行动"，为困难群众送去御寒衣物和生活物资，改善困难群体生活质量。

在改善移民民生方面，通过为12个移民安置区中小学校学生宿舍安装供暖设备、援建3个运动场所并购置运动设施等方式，改善移民安置区教育条件；同时，大力改善库区医疗水平，如为向家坝水电站绥江县人民医院捐赠血液透析设备，帮助移民安置区尿毒症患者减少了医疗及远赴外地就医的费用，也使患者实现就近就医减少疾病带来的痛苦；捐赠核磁共振、CT等医疗设备，援建1所残疾儿童康复中心，提升改造2所乡镇卫生院，提升了当地医院的服务能力和服务水平，让移民群众享受到更好的医疗条件。

在就业、创业技能培训方面，通过与当地政府、有资质的职业技术院校，为移民提供免费的、高质量的技能培训，根据移民意愿和自身条件，可提供厨师、电工、焊工、工程机械驾驶、美容美发等多达20个专业的职业技能培训，2013—2015年，共有约1500名移民参加就业培训，大部分移民通过培训获得了更高的薪水。同时，支持地方政府针对移民在当地开展种植、养殖业等技术培训，为移民开展种植业、养殖业提供专业技术支持。

在支持当地产业发展方面，结合当地产业情况发展高经济价值的柑橘、猕猴桃、茵红李等农业产业和特色旅游等第三产业，打造特色农业产业发展示范园区，通过援建产业基础设施帮扶农业产业发展。同时，为移民发展提供小额信贷支持等，如在向家坝水电站创立的"三峡种子基金"，累计投入资金 1200 万元，支持 61 个移民安置村的移民家庭发展小微产业，2012—2018 年，累计有 8400 户、4.3 万余人受益，其中直接受益的 5100 户、2.6 万余人，平均每年每户增加收入 1850 元左右，间接受益的 1.7 万人，有效促进了移民的生计恢复，为移民的自主就业项目提供及时的金融支持，支持移民小微创业项目发展。

5.16　因地制宜，适时调整分级管理

5.16.1　调整移民安置补偿政策，适应经济社会的发展

近 40 年的中国水电工程移民安置实践表明，随着国家经济社会的不断发展，国家或省级相关部门也会根据当时的经济社会发展状况颁布实施适应当时经济社会现状的政策法规。纵观水电移民补偿政策的发展历程，不同的历史时期，中国水电工程建设征地移民安置补偿的政策有所不同，征地补偿的项目、补偿标准等编制内容和方法也有所差异，补偿的标准和补偿项目也随着经济社会的发展逐步丰富完善，满足了各个时期移民安置活动的需要。下面以 20 世纪 80 年代水口水电站和 90 年代洪家渡水电站补偿费用为例进行对比介绍。

案例 5-37　水口水电站（20 世纪 80 年代）

水口水电站移民安置补偿经历了两个阶段：一是移民安置规划编制阶段，其补偿依据包括国务院《国家建设征用土地条例》、原水利电力部《水利水电工程水库淹没处理设计规范》（SD 130—84）等；二是移民安置实施阶段，其补偿依据主要包括《中华人民共和国土地管理法》和《福建省水口水电站库区移民拆迁安置补偿实施办法》（闽政〔1987〕综 301 号）等。随着不同时期补偿依据的调整变化，移民补偿费用也随之发生变化。

1984 年水口水电站初步设计审定的水库淹没补偿总投资为 4.1 亿元，其中：农村移民补偿经费为 22223 万元，南平城市及专项工程拆建补偿经费为 18777 万元；农村部分补偿项目包括征地费、集体经果林地补偿、房屋补偿费、企事业单位搬迁费、移民搬迁费、"三通一平"费、小水电补偿、其他设施补偿、行政管理费、不可预见费等。征地费采取测算不同地

类的亩产值和对应土地补偿倍数计算补偿费用。房屋补偿费按原拆原建的原则测算平均造价给予补偿处理，并对安置点的建设所需费用，计列了"三通一平"费。对移民搬迁过程中发生的误工、交通等费用，计列了移民搬迁费。另外还考虑移民安置实施的需要，计列了移民安置的工作费用（行政管理费）。

案例 5－38　洪家渡水电站（20 世纪 90 年代）

　　洪家渡水电站移民安置补偿的依据主要包括《中华人民共和国土地管理法》、《大中型水利水电工程建设征地补偿和移民安置条例》（国务院令第74 号，1991 年 5 月 1 日起实施）、《关于加强水库淹没处理前期工作的通知》（水规〔1991〕67 号）、《水电工程水库淹没处理规划设计规范》（DL/T 5064—1996）、《关于在建水电工程水库移民安置规划及补偿投资概算调整的规定》（电水规〔1998〕101 号）等。在移民安置实施阶段，贵州省也陆续制定了相关的移民政策规定，如《贵州省大中型水电工程水库移民安置实施管理试行办法》（黔移办发〔2001〕006 号）、《关于进一步加强全省大中型水电工程移民工作有关问题的通知》（黔党办发〔2001〕20 号）、《贵州省移民开发办公室关于全省新建大中型水电工程移民生产安置调控费提取等有关问题的通知》（黔移办发〔2002〕35 号）、《省人民政府关于提取林地安置调控费等问题的批复》（黔府函〔2003〕17 号）等。

　　洪家渡水电站可行性研究审定的建设征地移民静态总投资为132875.55 万元，其中：建设征地移民安置补偿费 101833.59 万元（包含农村移民补偿费、集镇移民补偿费、专业项目复建补偿费、库底清理费、环境保护投资、库岸失稳区投资），独立费用 22624.70 万元，基本预备费8417.26 万元。这一时期的水电移民补偿投资主要根据《水电工程设计概算编制办法及计算标准》（国家经济贸易委员会 2002 年第 78 号公告）和《水电工程水库淹没处理规划设计规范》（DL/T 5064—1996）的规定执行。这一时期，建设征地和移民安置补偿投资由建设征地和移民安置补偿费、独立费用、预备费组成，其中建设征地和移民安置补偿费包括农村移民补偿费、集镇迁建费、专业项目复建工程费、水库库底清理工程费和环境保护工程费；独立费用包括项目建设管理费和其他税费；预备费包括基本预备费和价差预备费。

与水口水电站对比，洪家渡水电站结合当时的政策规定和移民安置的需要，补偿内容得到进一步的丰富，主要变化是：基本建成补偿投资概算体系，取消了房屋补偿折旧，在行政管理费基础上增加完善了独立费用，进一步明确计列建设单位管理费、勘测规划设计费、实施管理费、技术培训费和监理费等相关费用。

5.16.2　分级授权，加强移民安置实施管理

《大中型水利水电工程建设征地补偿和移民安置条例》规定，中国移民安置工作实行"政府领导、分级负责、县为基础、项目法人参与"的管理体制，政府分级授权管理本辖区的移民安置工作：国务院水利水电工程移民行政管理机构负责全国大中型水利水电工程移民安置工作的管理和监督；县级以上地方人民政府负责本行政区域内大中型水利水电工程移民安置工作的组织和领导；省、自治区、直辖市人民政府移民管理机构，负责本行政区域内大中型水利水电工程移民安置工作的管理和监督。

中国幅员辽阔，东西及南北跨度均较大，各地有独特的地域文化差异，且各个地区经济社会发展水平不同。为做好本行政辖区内的移民安置工作，各省、直辖市、自治区针对本辖区的移民工作特点制定相应的移民安置政策，如 2016 年 7 月四川省颁布实施了《四川省大中型水利水电工程移民工作条例》，以此指导全省的移民安置工作；浙江省则将大部分具体的补偿政策制定权限下放到县级人民政府，而省级人民政府及其移民管理机构主要负责移民安置前期审批和移民安置阶段性验收和竣工验收，以及实施过程中重大问题的监督管理。

6

国 际 标 准 对 标

随着世界经济的发展及同步增长的能源需求，许多发展中国家将水力发电作为开发清洁可再生能源的重要方向，而水电工程的开发不可避免地产生周边环境影响和移民。水电工程移民属非自愿性移民，为规避移民风险，加强移民管理，维护弱势群体利益，保障水电项目顺利建设，世界银行（以下简称"世行"）、亚洲开发银行（以下简称"亚行"）、国际金融公司、国际水电协会等国际金融机构先后制定了相关移民标准和政策，对其参与投资或管理的水电开发项目的移民工作起到了一定的规范和管理作用，其中以世行于1980年发布的《世界银行贷款项目中涉及的非自愿性移民社会问题》为第一个国际性的非自愿性移民安置政策。在该政策发布之前，世界水电移民工作基本实行单纯的补偿、救济政策，移民完全依靠政府补偿。《世界银行贷款项目中涉及的非自愿性移民社会问题》中提出了在政府补偿的基础上，鼓励移民重建生产资料，标志着非自愿性移民标准进入了新的阶段。

6.1 非自愿移民的国际标准

主流的非自愿移民国际标准主要来源于世行、亚行等国际金融机构，其主要适用于一般性建设项目（含水电工程）的移民安置。国际金融机构的移民安置标准在世界范围内进行了大量工程实践并得到广泛认可。

6.1.1 世界银行

世界银行成立于1945年，总部位于美国首都华盛顿。世界银行是世界银行集团的简称，是联合国经营国际金融业务的专门机构，同时也是联合国的下属机构，由国际复兴开发银行、国际开发协会、国际金融公司、多边投资担保机构和国际投资争端解决中心 5 个成员机构组成。

世行参与了许多发展中国家的工程建设项目，对非自愿移民安置给予了格外的关注。从 20 世纪 80 年代至今，世行在不断总结其贷款援助项目移民管理经验的基础上先后制定发布了《世界银行贷款项目中涉及的非自愿性移民社会问题》《开发项目中的非自愿性移民——世界银行贷款项目政策指南》《世界银行 4.30 导则：非自愿移民》（以下简称"4.30 导则"）、《非自愿性移民世界银行业务政策 OP4.12》（以下简称"OP4.12"）和《非自愿性移民世界银行程序 BP4.12》（以下简称"BP4.12"）共 5 项标准。世行于 2016 年在 OP4.12 和 BP4.12 基础上，批准了《环境与社会保障政策框架》。OP4.12 和 BP4.12 对非自愿移民安置工作的政策目标，工程涉及的影响及要求的措施，移民安置规划的制定、实施、监测等提出了具体要求和更为详细的规定。OP4.12 提出，如果不精心计划并采取适当措施，非自愿移民可能会造成长期的严重困难、贫穷和对环境的破坏。

1. 世行非自愿移民政策的整体目标

（1）探讨一切可行的项目设计方案，以尽可能避免或减少非自愿移民。

（2）如果移民不可避免，移民活动应作为可持续发展方案来构思和执行。应提供充分的资金，使移民能够分享项目的效益，应与移民进行认真的协商，使他们有机会参与移民安置方案的规划和实施。

（3）应帮助移民努力提高生计和生活水平，至少使其真正恢复到搬迁前或项目开始前的较高水平。

2. 世行非自愿移民政策的主要特点

（1）从非自愿性移民安置的基本原则来看，世行强调受影响人口生产生活水平的恢复，并力图通过种种措施减少工程项目对非自愿性移民生产和生活的影响。

（2）从非自愿性移民安置规划的主要内容来看，世行强调受影响人口的全面参与、与安置区原有居民的融合和受影响人口生活水平的提高。

（3）从资金补偿情况来看，世行移民安置中受影响财产的价格计算方式是依据受影响财产的重置价格而制定的。

（4）实施进度的检查、多种手段的监测和对生活水平状况的评价构成了移民安置原则得以实现的机制。

（5）世行尤其注重加强公众参与移民安置规划的意识，要求整个项目的全过程都要有公众参与。

随着时代的发展，世行在 OP4.12 和 BP4.12 基础上批准了《环境与社会保障政策框架》，并于 2018 年初开始生效。新的保障政策框架在透明度、非歧视性、社会包容、公众参与和问责、申诉机制等方面迈出了重要步伐。

6.1.2　亚洲开发银行

亚洲开发银行成立于 1966 年，总部位于菲律宾首都马尼拉。亚行是一个致力于促进亚洲及太平洋地区发展中成员经济和社会发展的区域性政府间金融开发机构，自 1999 年以来，亚行特别强调扶贫为其首要战略目标。

1. 亚行非自愿移民政策的整体目标

（1）尽可能避免非自愿移民。

（2）研究和设计替代方案，最大限度地减少非自愿移民的影响。

（3）提高或至少将移民的生活水平恢复到项目实施前的水平，并且使被迁移的贫困人口和其他弱势群体的生活水平得到提高。

2. 亚行非自愿移民政策的主要特点

（1）从非自愿性移民安置的基本原则来看，亚行移民政策坚持"以人为本"的原则，重视移民权益保护和全程参与诉求，强调项目区的社区整合、人群适应及社会融合。

（2）从非自愿性移民安置规划的主要内容来看，尽可能早地对项目的影响进行梳理，识别非自愿移民的历史、现状，以及未来的影响和风险。与受影响的人群、安置区和非政府组织进行有效的协商。尤其要关注弱势群体的需要，特别是那些生活在贫困线以下的人口、失地者、老人、妇女、儿童、原住民，以及那些对土地没有法律权利的人们，并保证他们都能参与协商。采取措施提高或至少恢复所有移民的生活水平；为受影响人提供必要的支持；改善受影响的贫困人口和弱势群体（包括妇女）的生活水平使其至少达到全国最低保障水平。制定详细的移民计划，详细阐述受影响人口的权利、恢复其收入和生活的策略、相关制度安排、监测和报告安排、预算以及明确的实施时间表。在批准项目之前，在合适的地点，用受影响人可理解的语言和方式，及时向受影响人和其他利益相关方公布移民计划草案（含协商过程的表述）。

（3）从资金补偿情况来看，把非自愿移民工作视为开发项目或规划的一部分。计算项目的成本和收益时要包括移民计划所需的全部费用。

（4）在受影响人口搬迁和被迫实行经济转型前，就应给予补偿和明确各项权利。在整个项目实施过程中，应密切监督移民计划的执行情况。

（5）监测和评估安置结果，考察对移民生活水平的影响，结合基底调查和监测结果，考察移民计划是否取得了的预期效果，公布监测报告。

6.2 国际标准在中国的借鉴

6.2.1 应用实例综述

中国水电工程移民政策经历了探索、发展、完善、成熟多个阶段。自新中国成立以来，中国水电工程移民政策经历了从无到有，从制度建立到不断完善的过程，符合各时期的经济社会发展水平和国力条件。国家根据不同时期的经济形势、社会发展以及水电工程建设过程中出现的移民实际问题，坚持以人为本、实事求是，高度重视水电工程移民安置和可持续发展工作，不断调整、完善水电工程移民安置相关政策。

中国作为世行的创始成员国之一，于 1980 年恢复了在世行的合法席位。为了加快中国社会经济发展，自 1984 年首个世界银行贷款项目鲁布革水电站项目起，中国陆续开始接收包括世行、亚行在内的金融机构贷款开展工程项目建设，并按其政策要求开展非自愿移民安置工作。

在实践过程中发现，世行移民政策与中国有关征收土地、房屋拆迁补偿、移民生计恢复等法律法规相比较，中国同时期移民工作的目标和宗旨与世行是一致的。世行与中国政策都是为了确保受影响移民的合法权益，确保项目建设合法、有序、高效、顺利地实现建设目标。

据不完全统计，世行、亚行 1984 年至 2008 年在中国贷款的水利水电工程项目共 22 个，总装机容量 16226MW，其中世行贷款水电站项目共计 15 个，装机容量 12850MW（表 6-1）；亚行项目 7 个，装机容量 3376MW（表 6-2）。至 2008 年，中国已建设水电站装机容量 171520MW，其中运用世行、亚行贷款的水电项目占同时期已开发水电站总装机容量的 7.50%，国际金融机构投资对中国水电工程的发展起到了一定的促进作用。

中国在实施世行、亚行贷款项目的同时，也通过同时期大量的其他水电工程项目的实践，结合工程建设和移民安置需要，逐步建立了独具中国特色的水电工程移民安置政策，如移民综合监理制度和独立评估制度，而世行政策中对妇女儿童和弱势群体的保护、对非物质文化遗产的保护、公众参与的要求也对中国开展移民安置政策的制定和安置实施起到了一定的借鉴作用。

表 6－1　　　　　　　　世行贷款的中国水利水电工程项目

序号	项目名称	批准日期 （年．月．日）	贷 款 /亿美元	总装机容量 /MW
	合计		32.5	12850
一	水电项目		21.54	10750
1	鲁布革水电站	1984.2.21	1.45	600
2	岩滩水电站	1986.5.29	0.52	1210
3	水口水电站	1987.1.6	1.4	1400
4	二滩水电站	1991.7.2	3.8	3300
5	大广坝综合项目	1991.10.31	0.67	240
6	水口水电站二期	1992.9.1	1.0	
7	天荒坪抽水蓄能电站	1993.5.18	3.0	1800
8	二滩水电站二期	1995.8.22	4.0	
9	桐柏抽水蓄能电站	1999.12.22	3.2	1200
10	湖北贫困地区水电开发项目	2002.6.25	1.05	
11	宜兴抽水蓄能电站	2003.3.20	1.45	1000
二	水利项目		10.96	2100
1	小浪底水利枢纽项目	1994.4.14	4.6	1800
2	小浪底移民项目	1994.4.14	1.1	
3	江垭水利枢纽	1995.2	0.96	300
4	小浪底水利枢纽工程二期	1997.6.24	4.3	

表 6－2　　　　　　　　亚行贷款的中国水利水电工程项目

序号	项目名称	批准日期 （年．月．日）	贷 款 /亿美元	总装机容量 /MW
	合计		12.07	3376
1	广州抽水蓄能电站（二期）	1993.8.13	2	1200
2	湖南凌津滩水电站	1994.9.27	1.16	270
3	七台河电站及环境改善	1994.10.27	1.65	190
4	福建棉花滩水电站	1995.12.14	1.7	600
5	河北张河湾抽水蓄能电站	2002.10.18	1.44	1000

序号	项目名称	批准日期 （年.月.日）	贷款 /亿美元	总装机容量 /MW
6	甘肃黑河农村水电开发多批次 投资项目（第一批次）	2006.12.13	0.22	51
7	甘肃黑河农村水电开发多批次投资项目： 大孤山水电开发（第二批次）	2008.1.28	0.28	65

6.2.2 移民综合监理制度的借鉴

世行于1980年制定的《世界银行资助项目中的非自愿移民所产生的社会问题》（运用导则说明2.33）中，提出了移民安置监测评估的规定。其后，世行在《实施政策说明》（OP10.08）、《开发项目中的非自愿移民—世界银行贷款项目政策性导则（世界银行技术文件80号)》、《非自愿移民》（业务导则OD4.30）、非自愿移民业务政策和世行程序OP4.12和BP4.12中对监测评估的内容、工作方法、程序等逐渐予以规范。

世行规定了运用其贷款的项目中需实施移民安置监测评估工作，工作由世行定期检查团开展，但对移民安置实施过程的监督主要集中在移民搬迁的进度方面，并未对移民搬迁管理，资金使用等内容进行全过程监督。在中国使用世行贷款的水口水电站、小浪底水利枢纽、二滩水电站等项目的移民安置中，均按照世行的要求推行了移民安置监测评估制度，取得了较好的实施效果。

为了妥善安置移民，实现移民安置实施的全过程监控，中国开始借鉴建设工程监理制度，对库区移民工程建设进度及移民安置实施过程进行统筹，开始了全过程移民综合监理制度的探索。在1998年初的全国水库经济专家委员会会议上，中国首次提出在棉花滩水电站的移民安置实施中试行移民综合监理制度，同年3月，电力工业部发布了《水电工程水库移民监理规定（试行）》；2002年，国家计委发布了《水电工程建设征地移民工作暂行管理办法》，明确规定了建设征地移民安置的实施必须实行移民综合监理制度，初次从国家政策层面提出了水电工程项目实施移民综合监理的要求。随着中国水电工程建设进程的推进，2006年发布的《大中型水利水电工程建设征地补偿和移民安置条例》（国务院令第471号）对移民监理制度的具体内容进行了明确规定，标志着中国水利水电工程移民安置综合监理制度在法律层面的正式确认。2014 年，国家能源局发布了《水电工程建设征地移民安置综合监理规范》（NB/T 35038—2014），进一步明确了移民安置综合监理工作的技术标准。

中国为了实现移民安置工作的全过程监督，确保工程项目的顺利推进，保障移民权益，除借鉴水口水电站等按世行标准实施移民安置监测评估项目的经验外，还开展了国内的非世行项目的移民综合监理制度的探索。在此过程中，中国结合了在其他工程项目建设中开展工程监理的经验，建立起了全过程移民综合监理制度，制定了相关政策和技术标准，不仅能够对移民搬迁安置进度、移民安置项目实施质量、移民安置资金使用进行监督，还对移民搬迁安置实施管理工作进行全过程协调监督，对于确保移民安置规划的严格执行及实施效果起到了重要的作用。

6.2.3　恢复水平评价制度的借鉴

世行政策对移民安置进行恢复水平评价的要求，按 OP4.12 规定，要求借款方负责对移民安置活动进行监测和评价，监测评估任务一般由世行提议的公允单位承担，由建设单位委托，在项目结束时开展评价工作以确定移民安置文件中的目标是否实现，如果未能实现，则由借款方提出进一步的后续措施来保障目标的实现。

世行贷款的水口水电站按世行政策开展了移民安置监测评估工作，这项工作对移民安置的成功起到了关键作用，其成效也得到了国内、国际的普遍认可。近年来，中国在世行、亚行贷款的诸多项目均成功开展了移民安置监测评估工作。这对中国水电工程移民安置独立评估工作起到了一定的推动作用，也间接推动了技术标准的制定工作。

与世行政策在项目结束时开展评估工作不同的是，为了保障项目资金的使用效益，保障被安置移民的合法权益，中国结合在建的水电水利工程项目特点，创立了全过程完整的移民安置独立评估机制。移民安置独立评估是在移民安置实施阶段，对移民安置全过程的评估，并在此基础上围绕移民安置规划目标开展总体的评估；在后期扶持阶段，围绕后期扶持规划实施过程和后扶实施的效果进行全面评估。目的是为检验移民安置效果是否达到移民安置规划目标，落实弱势群体的保护措施，最终实现消除贫困和项目影响区经济社会的可持续发展。

2017 年，中国国家能源局正式发布《水电工程移民安置独立评估规范》（NB/T 35096—2017），进一步完善了一整套全面系统的评价指标体系和因素集，提出了独立评估指标评价的方法，明确移民安置独立评估工作的评价内容包括生产生活水平恢复分析、建设征地涉及区域经济发展状况分析和实施管理工作分析，标志着中国移民安置独立评估工作实现了标准化和规范化，从制度上保障了移民安置评估工作的实施。中国的移民安置独立评估不仅对移民安置项目的实施效果进行评估，还要关注移民安置区与当地经济社会发展协调性、消除贫困及移民的可持续发展的评估。

目前，中国按照《水电工程移民安置独立评估规范》（NB/T 35096—2017）要求，正在乌东德、白鹤滩水电站等在建的大中型水电工程中全面推广全过程移民安置独立评估，为项目移民安置目标实现提供了良好的保障。

6.2.4 项目公众参与制度的借鉴

世行贷款项目在遵循项目经济效益的同时，关注环境和社会效益，希望通过贷款项目的实施实现金融机构的社会责任，自1981年世行便将公众参与作为一项政策予以实施，在其《工作运行指令》O.D4.00附件A《环境评价》中明确提出："世行期望借款方在项目设计和执行，特别是在制定环境影响评价时，充分考虑受影响群体和非政府组织的意见，这项政策鼓励社团参与世行贷款支持的项目。"此后，又在《工作运行指令》等文件中进行了相应的完善与补充。

世行强调在移民安置方案制订中要充分注意和地方政府、移民机构协商，注重移民群众的参与，听取移民群众意见，并广泛向移民群众宣传移民政策、标准；在移民搬迁过程中，强调做好社会调整工作，使移民与安置区的群众在经济社会和文化上能够融洽相处，引导移民把注意力放在新家园的建设上等。

1980年后，中国水利水电工程移民行业实施政府管理制度、公众参与内容逐步完善。从最初提出的"政府负责、投资包干、业主参与、综合监理"转变为"政府领导、分级负责、县为基础、项目法人参与"，明确了利益相关方全面参与工程建设实施全过程的管理体制，并推出了包括调查指标张榜公示及复核、移民意愿调查、听取移民及安置区居民意见等多种公众参与做法，同时，一系列规程规范的制定和出台大大提高了该项工作的效率和实际指导意义。如《水电工程建设征地实物指标调查规范》（DL/T 5377—2007）规定了水电工程建设征地实物指标调查的原则、项目、类别、方法和程序，充分体现了公平、公开、公正和公众参与的原则。

自《大中型水利水电工程建设征地补偿和移民安置条例》颁布实施以

来，在总结过去经验的基础上，中国水电工程更加重视移民和社区居民的参与、协商。自移民安置前期规划设计阶段就积极鼓励移民参与，实行全过程的信息公开，特别是关系到移民切身利益的实物指标调查、移民安置去向、移民生产安置和搬迁安置方案、补偿补助标准等相关政策的确定，都充分听取移民群众和安置区居民的意见，并接受移民和安置区居民的监督，尊重和保护移民群众表达诉求的权力。

6.2.5 少数民族保护

《世界银行业务手册实施导则 4.20——少数民族》要求对少数民族及脆弱群体加以特别的关注。4.20 导则专门阐述涉及少数民族的项目的政策和办理程序。其目的是保证少数民族不因项目建设而受到损害，并保证他们取得的经济利益同他们的社会习俗协调一致，当投资项目对少数民族有影响时，为取得该项目，借款方应制定与世行政策相一致的关于少数民族的发展计划。任何对少数民族有影响的项目，应列入包括此种计划的内容或条款。世行对待少数民族的总体目标是要保证开发项目应促进对他们的尊严、人权和文化特色的尊重。4.20 导则的中心目标是要保证少数民族在实施世行贷款项目的过程中，不致受到不利影响，并使他们享受到文化上相容的社会和经济利益。导则规定了制定详细的少数民族发展计划的前提条件，并要求对边远和偏僻地区进行更多的调查研究和试验方案，以便将发展建议制定得更加完善。

中国历来就提倡民族团结，强调各民族在社会生活和交往中平等相待、友好相处、互相尊重、互相帮助，民族平等和民族团结是中国政府解决历史上民族问题的政策，并在中国的宪法和有关法律中得到明确规定。《中华人民共和国宪法》规定："中华人民共和国各民族一律平等。国家保障各少数民族的合法权利和利益，维护和发展各民族的平等、团结、互助关系。禁止对任何民族的歧视和压迫。"后续还制定了《中华人民共和国民族区域自治法》及少数民族保护政策。

在中国，除汉族以外的其余 55 个法定少数民族占总人口的 8.49%，自新中国成立起就结合中国多民族的基本国情和民族问题长期存在的客观实际制定了自己的少数民族政策，其本质是促进各民族平等团结、发展进步和共同繁荣。中国的少数民族政策是正确认识和处理民族问题的重要行为准则，是中国政策体系的重要组成部分。中国的民族平等是指不论民族人口多少，经济社会发展程度高低，风俗习惯和宗教信仰异同，都是中华民族平等的一员，具有同等的地位，在国家社会生活的一切方面，依法享有相同的权利，履行相同的义务。

中国西部地区是少数民族主要的聚居区，区域内有 40 多个民族，该区域少数民族人口占全国少数民族人口的 71%。全国 155 个民族自治地方政府中，有 5 个自治区 27 个自治州 84 个自治县（旗）在西部，占西部地区总面积的 86.4%。云南、贵州、青海三个多民族省份也在西部。为了加快少数民族地区经济社会发展，中国实施了西部大开发战略，制定了一系列优惠政策。

20 世纪 80—90 年代，中国水电开发主要集中在东部地区，该区域内少数民族较少，在这个时期除国家制定的少数民族优待政策外，水电移民政策本身对水电移民中的少数民族关注较少。随着经济社会的发展以及西部大开发战略的实施，水电开发逐步从东部地区向水电资源集中的西南地区转移。考虑到少数民族移民在水电移民群体中的普遍性和特殊性，《大中型水利水电工程建设征地补偿和移民安置条例》中第十一条规定，"编制移民安置规划应当尊重少数民族的生产、生活方式和风俗习惯"。随后的多项政策和项目实施过程中均将少数民族问题作为重点问题关注，后续项目在实施过程中对少数民族生计恢复的选择、移民居民点规划、民族房屋外形设计、宗教设施的恢复等方面进行了综合考虑和规划，充分考虑了少数民族的相关诉求，达到且超越了国际标准对于少数民族保护的定义，对于其他发展中国家有一定的借鉴意义。

6.2.6　物质文化遗产保护

世行政策中对于文化遗产保护的政策主要是业务手册 OP/BP 4.11（物质文化资源）与 OP4.01（环境评价政策）一起组成了世行安保政策中对物质文化遗产的保护政策，其对于物质文化遗产的定义包括动产或不动产、场所，具有考古学、古生物学的结构、结构群、自然特征和景观，历史、建筑、宗教、美学或具有其他文化意义的对象。世行认为物质文化资源是重要的科学和历史信息来源，是经济和社会发展以及作为一个民族文化身份和习俗的组成部分，制定物质文化遗产的目标是为了帮助接受贷款的项目人避免或减轻对物质文化遗产的不利影响，要求借款人在项目实施前制定任务大纲、收集基础数据、开展影响评估、制定缓解措施和管理实施计划，并严格遵守世界和所在国的相关保护法律，包括 1972 年《保护世界文化和自然遗产公约》。

中国在 1982 年制定并颁布了《中华人民共和国文物保护法》，首次从国家层面确定了文物保护的重要性，在文物保护法的基础上，结合水电开发周期长、分阶段开展工作的特性，中国水电行业特别发布了《水电工程移民专业项目规划设计规范》（DL/T 5379—2007），明确了水电工程开发各个阶段的文物保护要求，要求对水电工程建设征地影响的县级以上的文化古迹，要查清其分布，确认保护价值，坚持"保护为主、抢救第一"的方针，实行重点保护、重点发掘。该规范明确了水电项目建设过程中的文物调查、文物保护措施、保护经费和工作职责，体现了水电项目建设过程中对文物保护工作的重视。在此基础上，对于非物质文化遗产及其他特色民族文化，中国也要求在开展水电项目建设过程中予以重视和保护，特别是针对少数民族聚居区，要特别注重对宗教信仰、民族特色文化的保护。在安置时不仅考虑为宗教信仰的移民提供宗教活动场所，还在安置区布局、移民安置住房设计等方面充分考虑到移民的宗教信仰和当地民族文化特色，进一步保障移民的相关权益。

在物质文化遗产的保护政策上，中国移民政策与世行政策在目标上是基本一致的，都强调对项目影响区内的物质文化遗产进行重点分析研究，确定影响程度后制定保护措施，并定期开展监督评估工作，保障相关物质文化遗产保护措施的有效执行。中国又根据水电工程建设征地淹没影响的特点，制定了从法律法规到执行细则的物质文化遗产保护政策，不仅对各阶段的物质文化遗产保护做出了明确规定，且要求项目在实施过程中通过开展专业的文物保护规划设计工作来确定足额的文物保护经费，有效保障文物保护工作顺利开展，从政策、措施、资金等多个层面为物质文化遗产保护工作提供保障。

6.3　标准对标分析

为了进一步明晰世行环境和社会标准与中国水电移民技术标准的趋同性和差异性，实现两者标准之间的有机结合，为下一步世界移民技术标准的提升提供参考，本书将对世行环境和社会标准与中国水电移民技术标准两者之间的趋同性和差异性开展对比分析工作。

2016 年 8 月，世行执行董事会批准了《环境和社会框架》，便于在其出资的投资项目中帮助保护人和环境。自 2018 年 10 月 1 日起，《环境和社会框架》适用于世界银行所有新的投资项目融资。《环境和社会框架》的主要

表 6 - 3 世界银行环境和社会标准与中国水电工程移民技术标准对比

| 序号 | 对照项 | 世界银行环境和社会标准 | | 中国水电工程移民技术标准 | | 对比分析 |
		标准文件	规定要求	标准文件	规定要求	
1	建设用地范围	《环境和社会标准5：土地征用与土地使用限制和非自愿移民》	未对建设用地范围进行明确技术界定，仅对项目建设的影响对象进行了界定，即非自愿移民。与项目相关的土地征用或土地使用限制可能导致搬迁或经济搬迁移民（搬迁、丧失居住用地或丧失居住场所），经济性移民（丧失土地、资产或获取资产的渠道或其他谋生手段）的，或兼而有之。受影响的个人或社区无权拒绝土地征用或土地使用限制导致的移民搬迁被视为非自愿移民。此外，对土地征用范围内容进行了简单界定：①征用未被占用但用的土地，无论土地所有者的收入是否依赖该土地；②收回个人或家庭使用或占用的公共土地；③项目影响导致土地被淹没或者无法使用或进入	《水电工程建设征地处理范围界定规范》（DL/T 5376—2007）	对水库淹没影响区、枢纽工程建设区、建设征地处理范围、界线、界桩布置设计、阶段工作要求及成果等进行了明确的技术规定	世行环境和社会标准界定的范围相对宽泛，以整体项目受影响的对象为界定依据。中国水电工程移民技术标准从淹没设施影响的角度进行了详细的规定和说明

续表

序号	对照项	世界银行环境和社会标准		中国水电工程移民技术标准		对比分析
		标准文件	规定要求	标准文件	规定要求	
2	实物指标调查	《环境和社会标准5：土地征用与限制土地使用和非自愿移民》	《环境和社会标准》明确开展人口普查和经济基线调查。可根据家庭层面普查的结果确定受影响人，在确定受影响项目影响情况下，开展对受影响人的资产的调查。同时包含了土地所有制度和土地转让制度的调查，结构和其他固定资产的调查，影响社区内社会互动的模式和移民社区的社会和文化特征等	《水电工程建设征地实物指标调查规范》（NB/T 10102—2018）	对建设征地实物指标涉及的农村调查、城市集镇调查、专业项目调查、企事业单位调查、经济社会调查，阶段成果要求等进行了明确规定的技术规定	世行环境和社会标准实物影响界定是以受影响人为基础，调查内容与中国水电工程移民调查技术标准总体是一致的。中国水电工程移民指标调查要求非常严格，具体和全面；调查内容的划分，不同项目的调查标准更加明确
3	建设征地移民安置规划	《环境和社会标准5：土地征用与限制土地使用和非自愿移民》	编制《移民安置计划》《生计恢复计划》《文化遗产管理计划》等，其中移民安置计划包括移民安置点的选择、安置点的准备和移民搬迁、移民建房规划、基础设施建设规划和社会服务规划、环境保护和管理等	《水电工程建设征地移民安置规划设计规范》（DL/T 5064—2007）、《水电工程农村移民安置规划设计规范》（DL/T 5378—2007）、《水电工程移民专业项目规划设计规范》（DL/T 5379—2007）、《水电工程移民城镇迁建规划设计规范》（DL/T 5380—2007）、《水电工程建设征地移民安置规划大纲编制规程》（NB/T 35069—2015）、《水电工程建设征地移民安置规划报告编制规程》（NB/T 35070—2015）	对建设征地处理范围界定、实物指标调查、移民安置规划、农村移民安置、城市集镇处理、专业项目处理、库底清理、环境保护和水土保持、项目用地、建设征地移民安置补偿费用概（估）算、实施组织设计、水库水域开发利用、移民意愿征求要求及阶段工作进行了详细的技术规定	世行环境和社会标准和中国水电工程移民安置技术标准对移民安置规划的安置目标是一致的。中国水电工程移民安置规划技术标准对不同项目规划设计都有相应的更加细致、分阶段的规划设计技术标准

续表

序号	对照项	世界银行环境和社会标准		中国水电工程移民技术标准		对比分析
		标准文件	规定要求	标准文件	规定要求	
4	建设征地补偿费用	《环境和社会标准5：土地征用与土地使用限制和非自愿移民》	移民安置规划或移民安置政策框架应采取相应措施，确保移民按全部重置成本，以抵消获得有效的补偿，以抵消由项目造成的直接财产损失。如果影响包括移民搬迁，则移民安置规划或移民安置政策框架应采取相应措施，确保移民在搬迁过渡期间获得帮助（如搬迁补贴）。 成本和预算：逐项列举所有移民安置活动所需的成本，表格化逐项列出移民搬迁安置所需资金，包括通货膨胀、人口增长所需的补贴和其他不可预见费；移民资金支付到位的计划；资金来源及时到位的计划安排，以及移民活动所需资金的筹措情况。 移民损失的估价和补偿，包括用于估计损失和确定重置成本的方法；依据地方法律拟定的补偿类型和补偿标准，以及按重置成本补偿移民财产损失所需的补充措施	《水电工程建设征地移民安置补偿费用概（估）算编制规范》（DL/T 5382—2007）	对建设征地补偿费用项目划分、费用构成、基础价格、项目单价编制、概（估）算工程量、分项费用、独立费用、分年度费用、预备费、概（估）算编制、各阶段工作要求及成果等进行了明确的技术规定	世行环境和社会标准与中国水电工程移民补偿费用的处理原则基本保持一致，按照重置成本的方式统一计算费用。 中国水电工程中对移民补偿费用划分更加具体，更具针对性

续表

序号	对照项	世界银行环境和社会标准		中国水电工程移民技术标准		对比分析
		标准文件	规定要求	标准文件	规定要求	
5	利益相关方参与和信息公开	《环境和社会标准10：利益相关方参与和信息公开》	明确利益相关方是指以下个人和群体：①受项目影响或可能受项目影响；②可能与项目有利益关系。具体工作内容包括：利益相关方识别和分析；计划如何让利益相关方参与；信息公开；与利益相关方磋商；解决和应对申诉；向利益相关方通报	《水电工程建设征地实物指标调查规范》（NB/T 10102—2018）、《水电工程建设征地移民安置规划设计规范》（DL/T 5064—2007）	在实物指标调查、公示与复核全过程、移民安置规划的拟定、建房方式安置区实施方案选择等工作中，全面体现利益相关者的参与和信息公开	世行环境和社会标准要求移民安置规划中包含公众参与和申诉程序等具体内容，但没有统一的操作标准。中国水电移民技术标准对移民和移民安置区居民的参与也提出了相关要求，各级政府现行的信访等申诉渠道为移民参与和信息公开提供了多项选择
6	文化遗产保护	《环境和社会标准8：文化遗产》	项目应避免对文化遗产产生影响。若无法避免，应确定并实施相应措施、根据管理及缓解排序解决对文化遗产造成的影响。在合适的情况下，应制定《文化遗产管理计划》	《水电工程移民专业项目规划设计规范》（DL/T 5379—2007）	在《中华人民共和国文物保护法》的基础上，结合水电开发周期长、分阶段开展工作的特性，中国《水电工程移民专业项目规划设计规范》（DL/T 5379—2007）明确了水电工程开发预可行性研究、可行性研究、实施阶段等不同阶段的文物保护要求	世行环境和社会标准同中国水电工程移民技术标准对文化遗产保护的基本原则和目标一致，中国在非物质文化保护方面的要求更加具体

续表

序号	对照项	世界银行环境和社会标准		中国水电工程移民技术标准		对比分析
		标准文件	规定要求	标准文件	规定要求	
7	监督评估	《环境和社会标准1：环境和社会风险与影响的评价和管理》	编制《环境和社会承诺计划》并开展项目监测和报告，采用的方案和工具可能评价包括：环境和社会影响评价、环境和社会管理计划等	《水电工程建设征地移民安置综合监理规范》（NB/T 35038—2014）、《水电工程建设征地移民安置独立评估规范》（NB/T 35096—2017）	综合监理对移民安置实施过程中进度、质量、投资控制、设计变更、信息管理、工作协调的原则、内容、方法、成果等方面明确了技术规定。独立评估对移民安置体系、生产生活水平恢复及区域复分析，生产生活水平恢复分析，建设征地涉及区域经济发展状况分析、实施管理工作分析，综合评价等明确了技术规定	世行环境和社会标准与中国水电工程移民技术标准对标要求基本一致。中国水电移民安置技术标准对于移民安置工作的监督评估比较明确，移民安置综合监理评估独立评估各负其责
8	少数民族的关注和弱势群体的保护	《环境和社会标准1：环境和社会风险与影响的评价和管理》	当项目环境和社会风险评价识别出处于不利或弱势地位的个人或群体时，应实施区别对待措施，以确保他们在身上、同时确保他们在享有发展效益和发展机会时不会处于不利地位。对少数民族的发展权益进行保护，提高其参与度，确保他们从不损害其独特的文化身份和福利的发展过程中持续发展，从而推动减贫和可持续发展，并编制《少数民族发展计划》	《水电工程建设征地移民安置规划设计规范》（DL/T 5064—2007）、《水电工程建设征地移民安置补偿费用概（估）算规程》（DL/T 5382—2007）	移民安置总体规划的编制应当以资源环境承载能力为基础，遵循本地安置与异地安置，集中安置与分散安置，政府安置与移民自找门路安置相结合的原则，尊重少数民族的生产、生活方式和风俗习惯。移民安置规划及土地利用总体规划、城市总体规划、村镇规划应当衔接。农村居民点和集镇规划的技术尊重少数民族的生产、生活方式和集中居民族风俗习惯。对支建房困难户补助，对补偿费用不足以修建基本生活用房的贫困移民进行救助	弱势群体的范围对象更加广泛，包括老年人、妇女、儿童等弱势群体。对于少数民族，世行环境和社会标准要求编制《少数民族发展计划》。中国水电移民尊重少数民族风俗习惯，在补偿费用中考虑建房困难户补助等，对于弱势群体的保障措施缺乏具体可操作性

内容为 10 个环境和社会标准，即环境和社会风险与影响的评价和管理、劳工和工作条件、资源效率与污染预防和管理、社区健康与安全、土地征用与土地使用限制和非自愿移民、生物多样性保护和生物自然资源的可持续管理、原住民/撒哈拉以南非洲长期服务不足的传统地方社区、文化遗产、金融中介机构、利益相关方参与和信息公开。

中国水电工程建设征地移民安置技术标准自 20 世纪 80 年代开始，历经数次制定、修订和补充完善后，已经形成了较为完整、具备全生命周期的技术框架体系，技术标准体系共设置 28 项，涵盖了水电工程建设征地移民规划设计前期、实施和枢纽工程运行、退役等各阶段，覆盖了水电工程全生命周期。

通过对比分析，世界银行环境和社会标准与中国水电工程移民技术标准在移民安置目标层面和工作内容层面上基本保持一致，但具体技术要求存在以下差异（表 6-3）：

（1）世行的标准更多强调的是理念，自由裁量度较大；中国水电工程移民技术标准更加具体，更具操作性。

（2）世行的标准多体现移民安置的宏观要求；中国水电工程移民技术标准更加全面，阶段划分、实施内容更加明细。

（3）世行的标准多体现于前期规划和后期的评估；中国水电工程移民技术标准贯穿于中国水电工程移民安置工作的全过程，有完善的政策法律体系、健全的移民管理机制、高效的移民管理机构和全面的移民安置技术标准体系作为保障。

7

总 结 与 展 望

随着经济社会的不断发展，经过多年的实践和不断的总结完善，中国水电移民工作得到了不断的推进和发展。总体而言，中国水利水电移民已经形成了较为全面、完善的水电移民安置补偿补助政策法规和技术标准体系，移民工作管理更加科学，移民安置行为更加规范，补偿补助项目更加齐全，移民项目实施监管更加到位，适应并推进了中国水利水电行业健康快速发展。

但是，社会在不断进步，环境变化日新月异，中国水电移民安置规划管理、实施工作还存在一些薄弱环节，也需要随着时代的发展不断完善，移民安置工作任重道远。因此，结合当前的工作实际和要求，对未来的移民安置工作进行展望，有助于进一步提升中国的水电移民管理水平，同时也给国内及其他发展中国家的移民安置工作提供参考和借鉴。

7.1　总结

中国水电移民工作通过数十年工作实践，借鉴世行等国际金融机构经验，结合中国实际情况，在坚持以人为本的移民安置理念、加强弱势群体保护和鼓励公众参与、关注人文社会环境和文化传承、推行移民综合监理和移民安置独立评估等方面取得了很多宝贵的经验，虽然中国有制度优势，但是其可持续发展和公众参与、以人为本的先进理念在移民安置工作上具有相通性，其法律法规体系、移民技术标准体系、移民安置管理体制、规划设计控制技术具有实际操作性和指导性，能够为其他国家的移民工作提供参考和借鉴。主要结论及经验总结如下。

7.1.1　可持续发展理念助推移民长远发展

移民工作的思路决定了移民安置的发展方向和出路。中国从20世纪80年代起，结合历史的经验教训，提出了将安置性移民改为开发性移民的工作方针，即从单纯安置补偿的传统做法中解脱出来，改消极赔偿为积极创业，变救济生活为扶助生产；将移民安置与库区建设结合起来，合理利用移民资金，不断改善生产生活条件，提高移民生活水平，最终实现移民长远生计有保障。当前，中国更加重视移民安置工作，进一步将可持续发展的理念融入到开发性移民方针中，将促进移民脱贫致富和地方经济社会发展作为水电开发的任务之一；在移民安置计划和实施过程中全面实现移民生计恢复和社区发展的要求；注重移民安置区经济社会与生态的协调发展，以生态可持续性支持库区经济社会的可持续发展；移民工作从建设期移民搬迁安置为主向建设期与后期扶持统筹协调发展转变，从而促进实现移民"搬得出、稳得住、能致富"的目标。

开发性移民方针和可持续发展理念妥善处理了移民安置、库区经济发展与生态环境保护的关系，奠定了中国征地移民安稳致富和产业发展的基本理论和政策基础，移民安置成效显著，也有力地维护了社会稳定，保证了水利水电工程建设的顺利进行。

7.1.2　健全的政策法规保障移民合法权益

科学完善的移民政策法规体系是依法依规妥善安置移民、保障水电工程顺利建设的基础。中国水利水电移民安置通过数十年的工作实践和经验总结，实现了从指令性移民到开发性移民的转变，安置政策和法律法规实现了从无到有，并逐步形成了系统性的、科学完善的体系。虽然在部分时段由于政策缺乏、政策指导和操作性不足等原因，移民安置工作也有过一些沉痛的教训，但中国都及时出台补救政策，为避免以后出现同类问题提供了政策保障。

中国移民安置法律法规体系层次分明、内容全面。《中华人民共和国宪法》对土地权属的定性和对征地行为的授权是开展水电工程移民安置工作的基础；《中华人民共和国土地管理法》明确了土地管理制度和建设征地补偿原则；为水电工程移民安置制定专门的《大中型水利水电工程建设征地补偿和移民安置条例》行政法规，明确了水电工程移民安置工作的总体工作原则、工作程序、工作要求和职责分工，为移民安置工作建立了规则和政策保障环境；国家其他行业规章、地方法规政策、部分工程出台的专项移民政策等进一步细化了工作技术要求和支持政策，确保了水电移民工作的顺利进行。各层级法律法规规定了不同的法律效力，也考虑了各地的实际情况，完善且灵活。

中国移民安置法律法规顺应时代潮流，通过不断修订以顺应经济社会发展和社会各界的关切。从最初的指令性移民到改革之初的开发性移民，再到当前的长效补偿，从最初的"一平二调"到后来的前期补偿补助，再到当前的二、三产业自谋职业加养老保障，中国移民安置的法律法规不断调整完善。《大中型水利水电工程建设征地补偿和移民安置条例》在 20 世纪 90 年代颁布试行后，于 2006 年进行了系统修订，当前该条例的进一步修订已经在进行中。

中国水电移民的实践证明，前瞻性地开展或根据工作需求及时研究出台与时代相适应的移民政策可以有序推进移民工作开展，并建立一个在法律体系下公平、公正、透明的工作社会环境。根据经济社会发展形势转变，及时出台相应政策，建立完善的移民安置政策法规体系的做法，是值得国际上其他国家非自愿移民政策和法律体系借鉴和参考的主要内容之一。

7.1.3 全生命周期的征地移民技术标准体系

较之国际上征地移民安置政策仅有原则性、宏观性的规定，中国水电工程征地移民技术标准自 20 世纪 80 年代开始，历经数次制定、修订和补充完善后，已经形成了较为完整的技术标准体系，能够为电站全生命周期的征地移民工作提供系统性和可操作性的技术指导。

以中国水电行业的建设征地移民的技术标准为例，该技术标准体系共设置 28 项，其中已公布有效标准 14 项，涵盖了水电工程建设征地移民规划设计前期、实施和枢纽工程运行、退役等各阶段，覆盖了水电工程全生命周期所有阶段；内容上对建设征地范围、实物指标调查、农村集镇和专业项目移民安置规划设计、库底清理设计、补偿费用概（估）算、移民监测评估和相应报告编制等各方面均提出了标准和要求。如《水电工程建设征地处理范围界定》（DL/T 5376—2007）为水电工程建设征地处理范围界定指明了科学准确的方法，并在国内外众多水电项目上得到印证；《水电工程建设征地移民安置规划设计规范》（DL/T 5064—2007）对建设征地处理的范围、程序、深度、方法等有关设计原则和技术标准做了详细规定；《水电工程建设征地实物指标调查规范》（DL/T 5377—2007）规定了实物指标调查的原则、项目、类别、方法和程序，充分体现了公平、公开、公正和公众参与的原则。《水电工程农村移民安置规划设计规范》（DL/T 5378—2007）、《水电工程移民安置城镇迁建规划设计规范》（DL/T 5380—2007）和《水电工程移民专业项目规划设计规范》（DL/T 5379—2007），就农村移民安置、集镇迁建和专业项目规划设计的项目、程序、深度、方法等有关设计原则和技术标准做了详细规定，为移民安置实施打下坚实的基础。

上述标准的制定，规范了建设征地移民安置规划设计技术行为，指导了移民安置工作实施，提高规划质量和工作效率，具有较好的技术指导作用和实践操作性。而且，这些技术标准在移民安置规划安置方面的理念与国际金融机构政策具有相通性，可供国外其他国家参考采纳。

7.1.4　职责分明的移民安置管理体制机制

健全的移民管理体制是整个移民工作顺利推进的根本保障。在许多发展中国家，国家层面没有建立正式的移民管理机构对移民恢复与重建过程进行指导与管理，而是由工程业主或者其他临时机构来负责移民安置，这些机构或者把工程建设放在首要地位而忽视移民工作；或管理人员缺乏移民管理方面的专业知识和协调移民安置区经济社会发展的能力，导致移民安置很难实现预期的目标；或因无过程协调机制，导致安置过程中争议不断，影响移民安置和工程建设进度。

中国政府为适应移民管理的需要，在不同的历史时期，根据移民任务的变化，逐渐形成一套完整的移民管理体系，由最初提出的"政府负责、投资包干、业主参与、综合监理"发展为"政府领导、分级负责、县为基础、项目法人参与"的管理体制，并以法律条文的形式予以确立，各级人民政府、项目法人、综合监理、咨询机构以及移民群众的职责明确，均在法律规定的框架下行使自己的权利和义务。与此同时，各参与方在工作过程中形成了科学的决策机制、广泛的公众参与机制、有序的综合协调机制、规范的规划设计调整机制，以及分阶段验收机制和后期扶持机制，明确了各项工作的程序，明晰了各方在移民安置工作中的职责和作用，保证了移民安置工作的有效运行。

实践证明，通过管理体制和运行机制的建立，理顺了各级地方政府、移民机构、项目法人等有关部门和单位的职责，规范利益相关主体间的关系，加强了各方的协作配合。这种分级负责、多方合作的体制机制发挥了政府机构的统一组织、项目法人的工程建设管控、设计咨询机构的技术把控、公众的参与和社会监督等各方优势，规范了争议处理程序，促进了工作效率，保障了移民安置规划和实施的顺利进行。

7.1.5 全过程技术管控与全面监督管理

全过程技术管控和全面监督管理确保了移民安置目标的有序实现。中国针对移民安置工作的复杂性和不确定性，采取切实可行的技术措施，从工作阶段、控制节点、流程操作等方面，均建立有效的管控制度，以解决移民工作中的技术难题，确保移民安置规划设计在可控范围内。

从管控的阶段看，既包含对工程建设前期规划设计的技术要求，也包含移民安置实施阶段实施过程、变更调整的技术要求，也涵盖各阶段验收方面的技术要求；从控制要素上看，既包含农村、集镇、移民工程建设项目、库底清理、环境保护和补偿费用概（估）算等建设征地各处理对象方面的技术标准，也包括征地范围确定、实物指标调查、生计恢复计划、搬迁安置方案、公众参与等方面的具体要求；从技术控制手段看，规定了咨询评审、内部监督与评价、综合监理等各种技术手段在不同阶段对移民安置进行技术把关和符合性检查，提高移民安置规划设计成果质量，保证规划实施的顺利进行。

因此，中国水电移民安置形成的要素控制和流程控制技术，有效支撑了移民安置工作的顺利开展，形成的涉及各工作环节的标准体系文件和管理方法，对中国和其他国家也具有指导意义。

7.1.6 完善的公众参与和畅通的申诉渠道

移民是水库移民搬迁安置活动的主体，同时也是搬迁安置对象。中国移民安置条例赋予了移民参与的法律地位，并在实践中更加重视移民和社区居民的参与和协商。移民搬迁安置涉及广大移民群众的切身利益和前途命运，中国水电移民安置工作坚持以人为本的原则，在水电工程移民安置各个阶段均注重地方政府、社会团体、移民个人、安置区居民等广泛参与，参与内容包括坝址选择、水位选择、实物指标调查、移民安置区选择、生计恢复方式选择、土地补偿费用节余的管理、居民点建设方案、基础设施建设方案、建房方式选择、后期扶持方式及项目等。特别是关系到移民切身利益的内容，都要充分听取移民群众和社区居民的意见，并接受移民和社区居民的监督，尊重和保护移民群众表达诉求的权力。移民搬迁安置中实行全过程的信息公开，在搬迁安置后注重移民诉求的反馈与表达，建立信访机制，畅通移民申诉渠道，将移民群众参与贯穿始终，较好地维护了移民群众的知情权、参与权和监督权。

因此，中国公众参与和畅通的申述渠道，是保证移民安置规划方案科学性和可操作性的重要手段，体现了中国以人为本的安置理念，同时也是降低移民安置的社会风险，促进移民安置工作顺利实施的决定因素。中国公众参与的环节、参与的形式和内容，移民诉求表达的渠道等内容都值得推广和借鉴。

7.2   展望

中国水电建设取得了较大的成绩，但随着水电开发任务的变化，相关的利益诉求也在不断变化与增强，加之近年来中国关于移民安置政策的日益完善、精准扶贫和城镇化进程的稳步推进，移民权益意识的日益加强，水电移民安置工作在规划管理、实施过程中还需要随着经济社会的不断发展而持续改进。与此同时，随着中国水电移民工作者更多地参与国际交流，国际水电移民在发展中形成的新理念和规则，也为中国水电工程移民安置工作的发展提供了参考。中国水电移民安置的基本理念、安置方式、技术标准管理手段必将迎来新的发展。

7.2.1   完善利益共享机制

随着水利水电工程投资主体多元化，过去的那种行政命令式的做法已难以实施。水利水电工程，特别是大中型水电工程的实施往往不可避免地涉及众多方面，触及包括水电开发企业、各级地方政府、移民及安置区居民等众多相关方的利益。当前，政府对移民工作政策的完善、创新和移民权利意识的增强，移民要求长期分享水电工程效益的呼声越来越高。因此，建立和完善中央政府、地方政府、开发商之间的协调机制不同利益群体之间的利益分配和共享机制，是未来水利水电行业健康发展的必然要求。

实现这一目标的关键就是坚持以人为本、移民为先，通过完善政策、创新方式，使移民安置工程从困难工程变为富民工程、和谐工程，使移民群众从单纯的工程建设贡献者变为工程建设的最大受益者，更多更公平地共享水利水电工程建设成果。移民资产入股安置模式为农村移民建立了长期分享工程效益的机制，使移民能够获得无形资产损失的补偿，可在电站运行期间获得可观的收益，使移民由非自愿移民变为自愿移民，由开放性移民转化为参与性移民，真正分享工程建设带来的利益。农村移民资产入股方式的研究和应用目前还处于初级阶段，需要在实践中不断地摸索和总结。除此之外，未来水利水电行业还将进一步探索股权共享、建立发展基金、税收共享、优惠电价或税费、特许使用权费等多种方式，以期解决当地政府及企业、移民及安置区居民与水电开发企业利益冲突。

7.2.2 实现移民安置方式的多样化

移民条例强调了水库移民安置需以有土安置为主，新中国成立后水库移民工作基本上坚持了这一原则。但是，随着土地资源和容量日趋紧张，以土地为基础的传统农业安置模式已无法满足新形势下移民安置的需要。随着城镇化建设的提速以及城乡发展一体化进程的加快，未来的移民安置方式必将转向以无土或少土安置为主，结合城镇化进行安置，逐年补偿、自谋职业、养老保险安置方式等多种安置方式并存的局面。在未来水利水电开发项目中，一个库区可能不能仅用单一的某种安置方式来完成全部移民安置。在移民安置前期规划中，必须立足实际、因地制宜，根据安置环境容量，结合移民意愿，合理确定安置方式，并正确引导移民选择安置模式。同时，在安置方式上还需要进一步探索和创新，合理解决人地矛盾突出问题，尽量满足移民生存和发展的需求。

因此，在今后流域移民工作中，要进一步探索实现移民安置方式多元化及可持续发展措施，确保移民个体的长远发展，包括：补偿标准注重土地资源价值和移民个人财产的市场价值；安置方式在注重移民意愿、个人能力基础上，正确引导移民未来发展；落实移民就业培训，通过创业与就业扶持措施提高移民群众就业能力；注重移民的社会融合问题和文化整合问题；落实年长移民养老社会保障和保险制度等。

7.2.3 加强移民专业信息平台建设与信息运用

移民安置是一定区域内的社会重组、经济重建和生态恢复过程，是一个涉及面广、地域和时空跨度大、政策性强、利益关系复杂的系统工程。针对移民安置的上述特点，加强移民专业信息平台建设和信息技术运用，从多角度、多维度掌握和管理移民安置信息，高效组织海量多元异构数据，快速跨越宏观微观、地理区域以及时间阶段，不仅可以有效提高移民安置管理水平和工作效率，也是移民安置工作和信息化发展的必然趋势。

（1）加强移民专业信息平台建设。及时推动数据特征归纳分析工作，确立录入基础数据信息指标，明确现有数据的类型和种类；在数据库专业编程人员协助下提出数据格式的处理、转换和具体操作流程，初步建立数据输入操作标准，规范项目数据的录入方式。融合触屏、人机对话、扫描识别等先进的计算机操作形式，建立人性化的数据应用平台。要求数据库随机实现不同数据信息查询、调用、运算、输出和云平台分享等功能，初步建立大数据信息深挖掘模块，研究大数据信息挖掘处理的方向和更深远的用途。

（2）重视信息等新技术应用。利用遥感技术、地理信息系统、全球定位系统完善实物指标调查、工程地形测绘、安置点选址、工程方案比选等技术手段；通过全景可视化展现电站淹没前后、移民安置前后对比情况。综合应用计算机网络、数据库、数字地球、GIS等先进的信息技术与理念，建立一个全面、客观反映征地移民影响地区和安置地区的地理空间、社会关系、经济结构和生态环境，贯穿移民安置工作全过程，面向全方位管理、服务全行业的形象直观的移民安置管理数字化平台，并最终形成移民安置管理完整的信息化体系。

7.2.4 进一步加强国际交流与合作

中国在水电移民方面已经积累了一定的经验，但仍需要进行国际交流与合作，及时了解国际移民工作动态，学习国际最新规则、理念及国际水电工程实践经验，不断完善中国安置理念和技术标准，提升移民安置规划设计水平和提高安置实施效果。

（1）开展国际对标及细化研究工作，进一步对标国外水电移民做法，加强对国际先进理念的学习，借鉴其他国家在资源保护、公众参与等方面的成熟做法和先进技术，提升中国移民安置理念。

（2）加强科技交流与合作，可定期召开技术论坛或安排国际典型水电工程调研活动，实时了解国际工程征地移民政策、标准、咨询、实施信息，通过交流增加彼此了解，价值和工作理念趋于统一或并存。

（3）细化研究中国水电移民做法，结合其他国家的特点，有针对性地提出可供借鉴的、值得推广的中国水电移民技术方法和经验。

（4）加强人才的交流与培养，建设熟悉国际标准化组织运作机制与理念、具备标准化专业知识和跨文化沟通能力的人才队伍，积极配合支持发展中国家移民工作技术人员能力培训。

中国水电工程建设征地移民安置主要政策法规清单

序号	法 规	主 要 内 容	类 型
1	《国务院关于修改〈大中型水利水电工程建设征地补偿和移民安置条例〉的决定》（国务院第679号令）	明确了国家实行开发性移民方针，采取前期补偿、补助与后期扶持相结合的办法，使移民生活达到或者超过原有水平。明确了移民安置工作实行政府领导、分级负责、县为基础、项目法人参与的管理体制。规定了移民安置规划、征地补偿、安置实施、后期扶持、监督管理的有关工作内容、程序和管理要求	综合类，涵盖了补偿、安置、后期扶持和管理政策
2	《国家计委关于印发水电工程建设征地移民工作暂行管理办法的通知》（计基础〔2002〕2623号）	重要的移民工作管理政策，明确了各级地方政府、移民机构、项目法人、设计单位和监理单位等有关部门和单位的职责，明确"国家对水电工程建设征地移民工作实行政府负责、投资包干、业主参与、综合监理的管理体制"，并规定了项目法人应设置建设征地移民管理机构	管理政策
3	《关于完善征地补偿安置制度的指导意见》（国土资发〔2004〕238号）	对征地补偿标准、被征地农民安置途径、征地工作程序、征地实施监管等进行了规定。首次提出统一年产值和征地区片综合地价	综合类，涵盖了补偿、安置和管理政策
4	《国务院关于深化改革严格土地管理的决定》（国发〔2004〕28号）	对完善征地补偿办法、妥善安置被征地移民、健全征地程序等进行了规定	综合类，涵盖了补偿、安置和管理政策
5	《国务院关于完善大中型水库移民后期扶持政策的意见》（国发〔2006〕17号）	规定了后期扶持的范围、标准、期限、方式等。明确自搬迁之日算起（2006年6月30日以前搬迁的从7月1日算起）连续扶持20年，每年每人600元	后期扶持政策
6	《关于印发〈新建大中型水库农村移民后期扶持人口核定登记暂行办法〉的通知》（发改农经〔2007〕3718号）	明确了后期扶持人口确定的原则、方法和程序	后期扶持政策

序号	法　规	主　要　内　容	类　型
7	《关于加强水电建设管理的通知》（国能新能〔2011〕156号）	为解决工作职责不落实、移民安置方案频繁调整、安置工作进度滞后等问题，文件从合理拟定移民安置方案、做好移民安置实施工作等方面进一步明确了工作职责、工作要求	管理政策
8	《国家能源局关于印发水电工程验收管理办法的通知》（国能新能〔2011〕263号）	对水电工程阶段性蓄水验收和竣工验收等工作程序、各方职责、工作要求进行了规定	管理政策
9	《国家发展改革委关于做好水电工程先移民后建设有关工作的通知》（发改能源〔2012〕293号）	要求由省级人民政府对水电工程移民工作负总责，加强对移民工作的领导；落实市、县政府的工作责任和项目法人的参与责任；强化主体设计单位的技术责任。明确提出实现"先移民后建设"的方针，要把做好移民工作放在优先的位置；要认真查清建设征地实物指标、科学制订移民安置规划方案并首次提出探索"以被征收承包到户耕地净产值为基础逐年货币补偿"的安置措施	安置、管理政策
10	《关于加大改革创新力度加快农业现代化建设的若干意见》（中发〔2015〕1号）	明确"节水供水重大水利工程建设的征地补偿、耕地占补平衡实行与铁路等国家重大基础设施项目同等政策"	管理政策
11	《关于加大用地政策支持力度促进大中型水利水电工程建设的意见》（国土资规〔2016〕1号）	对水利水电工程用地报批程序、征地补偿标准和移民安置途径、先行用地等进行了规定。明确必须依照有关法律法规要求确定征地补偿标准，足额核算征地补偿费用，采取多种有效安置途径，做好征地补偿安置工作；征地报批前要认真履行征地告知、确认、听证程序，就征收土地方案充分听取被征地农民集体和农民意见，确保农民的知情权、参与权、申诉权和监督权	综合类，涵盖了补偿、安置和管理政策

序号	法　　规	主　要　内　容	类　型
12	《国务院办公厅关于印发贫困地区水电矿产资源开发资产收益改革试点方案的通知》（国办发〔2016〕73号）	提出对在贫困地区开发水电、矿产资源占有集体土地的，试行给原住居民集体股权方式进行补偿，探索对贫困人口实行资产收益扶持制度，按照"归属清晰、权责明确、群众自愿"的原则，合理确定以土地补偿费量化入股的农村集体土地数量、类型和范围，并将核定的土地补偿费作为资产入股试点项目，形成集体股权。入股资产应限于农村集体经济组织所有的耕地、林地、草地、未利用地等非建设用地的土地补偿费	安置、管理政策
13	《关于做好水电开发利益共享工作的指导意见》（发改能源规〔2019〕439号）	要求坚持水电开发促进地方经济社会发展和移民脱贫致富方针，完善水电开发征地补偿安置政策、推进库区经济社会发展、健全收益分配制度、发挥流域水电综合效益、建立健全移民、地方、企业共享水电开发利益的长效机制，从完善移民补偿补助、尊重当地民风民俗和宗教文化、提升移民村镇宜居品质、创新库区工程建设体制机制、拓宽移民资产收益渠道等方面提出意见	综合类，涵盖了补偿、安置和管理政策

附录 2

中国水电工程建设征地移民安置技术标准体系表

序号	标准名称	标准编号	编制状态	批准部门	主要内容
通用及基础标准					
1	水电工程建设征地移民安置技术通则		制定中	国家能源局	规范移民专业术语，规定水电工程规划及设计、设备、建造与验收、运行维护、退役各阶段建设征地移民安置技术工作原则、内容、流程及成果要求
2	水电工程信息分类与编码 第8部分：建设征地移民安置		制定中	国家能源局	对移民信息分类、编码原则、代码编制等的技术规定
3	水电工程建设征地移民实物指标分类编码规范		制定中	国家能源局	对实物指标信息分类、编码原则、代码编制等的技术规定
规 划 及 设 计					
4	水电工程建设征地移民安置规划设计规范	DL/T 5064—2007	有效，修订中	国家发展改革委	对建设征地处理范围界定、实物指标调查、移民安置总体规划、农村移民安置规划、城市集镇处理、专业项目处理、企事业单位处理、库底清理、环境保护和水土保持、项目用地、建设征地移民安置补偿费用概（估）算、实施组织设计、水库水域开发利用、移民意愿征求、阶段工作要求及成果等的主要技术规定
5	少数民族地区水电工程建设征地移民安置规划设计规定		制定中	国家能源局	对建设征地涉及少数民族地区实物指标调查、移民安置、补偿费用、用地分析、组织管理技术要求等的技术规定
6	水电工程建设征地处理范围界定规范	DL/T 5376—2007	有效，修订中	国家发展改革委	对水库淹没影响区、枢纽工程建设区、建设征地移民界线、界桩布置设计、阶段工作要求及成果等的技术规定

序号	标准名称	标准编号	编制状态	批准部门	主要内容
7	水电工程建设征地实物指标调查规范	NB/T 10102—2018（代替 DL/T 5377—2007）	有效	国家能源局	对建设征地实物指标涉及的农村调查、城市集镇调查、专业项目调查、企事业单位调查、经济社会调查、阶段工作要求及成果等的技术规定
8	水电工程农村移民安置规划设计规范	DL/T 5378—2007	有效，修订中	国家发展改革委	对建设征地涉及农村移民安置任务、规划目标和安置标准、移民安置方案、生产安置规划设计、搬迁安置规划设计、临时用地复垦规划设计、意见听取与征求、实施组织设计、生活水平预测、各阶段工作要求及成果等的技术规定
9	水电工程移民专业项目规划设计规范	DL/T 5379—2007	有效，修订中	国家发展改革委	对建设征地涉及交通运输工程、水利工程、防护工程、电力工程、电信、广播电视工程、事业单位、其他项目、阶段工作要求及成果的技术规定
10	水电工程建设征地企业处理规划设计规范		制定中	国家能源局	对建设征地涉及企业的处理方案、分项处理设计、补偿费用概算、阶段工作要求及成果的技术规定
11	水电工程移民安置城镇迁建规划设计规范	DL/T 5380—2007	有效，修订中	国家发展改革委	对建设征地涉及城市和集镇的迁建规模、标准与功能，迁建选址，场地工程规划设计，基础设施工程规划设计，施工组织设计，迁建补偿费用，阶段工作要求及成果等的技术规定
12	水电工程水库库底清理设计规范	DL/T 5381—2007	有效，修订中	国家发展改革委	对库底清理任务、清理范围、清理技术设计、阶段工作要求及成果等的技术规定
13	水电工程建设征地移民安置规划大纲编制规程	NB/T 35069—2015	有效	国家能源局	对水电工程建设征地移民安置规划大纲编制的基本要求，以及移民安置规划大纲、移民安置总体规划专题编制的主要内容和深度等的技术规定
14	水电工程建设征地移民安置总体规划编制导则		拟编	国家能源局	对移民安置总体规划编制中涉及的范围、实物指标、安置任务、安置方案等的编制要求进行规定

序号	标准名称	标准编号	编制状态	批准部门	主要内容
15	水电工程建设征地移民安置规划报告编制规程	NB/T 35070—2015	有效	国家能源局	对水电工程建设征地移民安置规划报告编制的基本规定、主要内容和成果要求的技术规定
16	国有资产投资境外水电工程建设用地移民安置设计技术导则		制定中	国家能源局	对国有资产在境外投资水电工程开展建设用地移民安置规划设计工作所遵循的法律法规体系执行原则、规划设计工作程序、各阶段涉及工作内容及规划设计深度、成果提交要求等方面的技术规定
17	水电工程建设征地移民安置补偿费用概（估）算编制规范	DL/T 5382—2007	有效，修订中	国家发展改革委	对建设征地补偿费用项目划分、费用构成、基础价格、项目单价编制、概（估）算工程量、分项费用、独立费用、分年度费用、预备费、概（估）算编制、各阶段工作要求及成果的技术规定
18	水电工程建设征地房屋补偿标准		制定中，拟纳入第 17 项	国家能源局	对移民房屋补偿单价费用构成、测算方法等的技术规定
建 造 与 验 收					
19	水电工程建设征地移民安置实施技术导则		制定中	国家能源局	对移民安置实施阶段实施计划、补偿补助、搬迁安置、生产安置、工程建设、库底清理、设计变更、费用管理、专项验收及协调配合等各环节工作的有关技术要求和规定
20	水电工程阶段性蓄水移民安置实施方案专题报告编制规程	NB/T 10108—2018	有效	国家能源局	对阶段性蓄水建设征地处理范围、阶段性蓄水实物指标、农村移民安置、城市集镇处理、专业项目处理、企业处理、水库库底清理、实施费用、实施组织设计等方面的技术规定
21	水电工程建设征地移民安置综合设计规范		制定中	国家能源局	对移民安置实施阶段移民安置实施计划、移民安置规划符合性、阶段性蓄水、补偿费用、设计变更、现场技术服务、工作要求及综合设计成果的技术规定

序号	标准名称	标准编号	编制状态	批准部门	主要内容
22	水电工程建设征地移民安置综合监理规范	NB/T 35038—2014	有效	国家能源局	对移民安置实施过程中进度、质量、投资控制，设计变更、信息管理，工作协调的原则、组织、程序、内容、方法、成果等的技术规定
23	水电工程移民安置独立评估规范	NB/T 35096—2017	有效	国家能源局	对移民安置独立评估涉及的指标体系、信息采集、生产生活水平恢复分析、建设征地涉及区域经济发展状况分析、实施管理工作分析、综合评估等的技术规定
24	水电工程建设征地移民安置验收规程	NB/T 35013—2013	有效	国家能源局	对移民安置验收的基本要求、主要依据和必备资料、验收工作组织、步骤和内容、争议和遗留问题处理、阶段性验收及竣工验收应具备的条件的技术规定
运 行 维 护					
25	水电工程移民安置后续工作技术导则		拟编	国家能源局	对电站运行期新增影响区处理、消落区利用、水库水域综合利用等工作的技术规定
26	水电工程建设征地移民安置后评价导则		拟编	国家能源局	对后评价范围、内容指标、程序和方法的技术规定
27	水电工程移民后期扶持规划编制规程		制定中	国家能源局	对工程编制后期扶持规划报告的编制思路、原则、方法、内容等的技术规定
退 役					
28	水电工程退役水库处理导则		拟编	国家能源局	对水库退役后的土地利用等措施方面进行技术规定

附录 3

中国水电工程移民安置管理经验总结
——辨识主要经验教训

本报告中表述的发现、释义以及结论完全代表作者个人观点，不应以任何方式将其归结为世界银行、其下属机构或其执董会成员或他们所代表的国家的观点。

世界银行不保证本报告中数据的准确性，也不为使用这些数据所产生的任何后果承担任何责任。

致　　谢

本报告系世界银行资助开展的分析咨询项目"中国水电工程移民安置管理经验总结"的一项成果。项目在 Mauricio Monteiro Vieira（高级社会发展专家）和姚松岭（高级社会发展专家）共同领导下实施，张朝华（资深社会发展专家）和 Daniel R. Gibson（国际社会发展咨询专家）为本报告提供了分析和编辑支持。欧阳利（项目助理）和 Lourdes L. Anducta（项目助理）提供了组织和行政支持。Sheldon Lippman 承担了报告终稿的编辑工作。

项目组对以下人员表示感谢：同行审阅人王朝纲（资深社会发展专家）、Peter Leonard（地区安全保障顾问）以及 Satoshi Ishihara（高级社会发展专家）；Harold Luis Bedoya（业务局长）、尚凯（社会发展专家）以及 Ross J. Butler（高级社会发展专家）为项目的实施提供了额外支持；Hien

---

❶　本中文版是水电水利规划设计总院根据《A REVIEW OF RESETTLEMENT MANAGEMENT EXPERIENCE IN CHINA HYDROPOWER PROJECTS ——Identifying key lessons learned》经授权翻译形成（译者注）。

Minh Vu（高级项目助理）和 Juliette E. Wilson（业务官员）在本报告撰写期间提供了支持。项目组对 Susan Shen（副局长）给予的持续支持和指导表示感谢。

本报告受益于世界银行与水电水利规划设计总院（CREEI）之间的良好伙伴合作。CREEI 开展了一项行业研究，对中国水电行业 40 多年来（译者注：应为 70 年来）的征地和移民安置法规、标准以及实践进行了分析，系统回顾了 14 个项目案例的绩效。项目组对水电水利规划设计总院以下人员表示特别感谢：副院长龚和平及其同事郭万侦、彭幼平、周建新、卞炳乾、文良友、李红远、李湘峰、陈建峰、望佳琪。

中国水电工程移民安置管理经验总结
——辨识主要经验教训

Ⅰ　引言

同其他国家一样，中国水电开发从业者也面临着两难局面——水电开发可以提供相对低廉、清洁和可持续的电力，但也可能产生严重且复杂的环境和社会问题。因此，在潜在的水电开发效益和开发造成的损害之间如何寻求平衡成为了一大挑战。

同其他国家一样，中国因水电开发造成的移民安置通常也会成为严重的社会问题。由于水电开发往往需要建造大型水库，因此征地规模和移民安置的影响通常大于大多数其他类型的基础设施项目，影响程度也往往最为严重。水库淹没会给个人或家庭、整个社区（甚至城镇）、基础设施和服务、市场与商业实体造成全面损失。受影响者在生产、生活恢复以及在新的甚至是陌生环境中进行社会关系重建时，经常不可避免地面临巨大困难。

> 中国经验提供了潜在有价值的方法，其他国家（和行业）可以借助这些方法改善移民安置绩效。
>
> 更为重要的是，中国水电开发经验表明，即便在最困难、最复杂的环境下，也有可能以最能提升项目效率和改善移民安置结果的方式来规划和实施移民安置。

多年来，中国采取了多种措施来识别和评估重复发生的问题，系统性地加强了水电移民安置规划和实施管理。这种系统性的全行业移民安置做法与其他国家效率低下、通常是临时性的做法形成了鲜明对比，甚至与中国其他行业的做法相比也存在显著差异。该体系包含三大关键要素：（a）依法制定及有效执行的法律法规；（b）配置齐全到位及规范运作的管理架构；（c）激励移民安置工作人员和受影响人口积极响应的相关安排。

为了找出可能适用于其他国家的经验教训，本评审报告（以下简称"本报告"或"本世行报告"）总结了经中国水电移民从业者评估得出的经验。当然，中国水电行业背景有其独特性或不寻常性，其他国家需要根据本国国情或行业情况因地制宜地使用中国的经验。尽管如此，对于致力于提高行业层面或单个项目层面移民安置效率和成效的政策制定者与从业者，本报告提供的实用步骤可以供他们参考或使用。

A. 特定背景下的中国水电移民安置经验

20 世纪 70 年代以来，中国的发展规划就将推广实施水电工程作为增加发电量、促进国家发展的战略性重要举措。近几十年来，水电开发规模有了大幅增长，共建成了 3300 余个大中型水电工程，其中三峡工程规模最大，知名度最高。目前，中国水力发电量约占全球水电总量的 1/3。

建造这些超级大坝以及后期水库蓄水造成了大规模的移民，中国自 20 世纪 70 年代起为建设水电工程共计安置约 2400 万人。早年间，大坝和水库工程建设被当成发展要务；必须先开展工程建设，后续再处理由此产生的任何环境和社会影响。早期经历显示，数以千计的家庭户的房屋重建和生计恢复相关任务繁多、困难重重。这些任务通常极具挑战性，特别是水电工程一般位于贫困地区、少数民族居住地区或偏远地区。在很多情况下，缺乏事先的影响评价及影响缓解计划显著加大了接下来数十年间应对此类影响的困难。

国内外评估报告称，随着时间推移和经验积累，中国水电工程移民安置实践已经变得更为周密和成功❶。但是，这些报告一般只注重某个项目移民安置的特定方面的绩效；直到最近才针对水电行业战略或移民安置绩效开展了系统性的回顾和总结。

2018 年，水电水利规划设计总院（CREEI）启动了一项行业研究，旨在分析梳理中国过去 40 多年间水电开发相关的征地与安置法规、标准和实践。该研究也包含了对 14 个项目案例绩效的系统性回顾。研究最终形成了题为《中国水电行业移民经验研究》的报告，其草案于 2019 年完成编制。❷

正如本报告所作的更详细总结，CREEI 报告认为，学习过往经验有助于制订征地和移民安置流程的系统化管理手段。目标也相应发生转变：移民安置不再被视为水电建设过程中的障碍，而更多地被视为推动水电工程建设地区社会发展的机遇。

具体而言，CREEI 报告总结了在以往经历中有助于改善移民安置绩效

---

❶　参见"世界银行评价与发展"系列丛书第 2 卷：《非自愿移民：对比视角》，New Brunswick（USA）and London（UK），Transaction Publishers，2001 年。该卷对世界银行资助的水口水电站项目的移民安置绩效进行了回顾，该项目也是 CREEI 报告收录的案例之一。

❷　截至本报告开始编写，该研究报告仍处于草案编制状态，本报告称之为 CREEI 报告。

的一些关键要素：

- 把水电开发列为一项国家发展要务。面对早期项目中反复出现的移民安置困难，政府和行业主管部门决定，在被列为对国家发展具有战略意义的行业内，应保障移民安置管理在立法、行政管理、项目实践以及受影响人口参与方法等方面的系统性参与。换言之，行业的发展潜力往往可能受移民安置相关常见问题的限制，因此需要对战略考虑周全，以改善移民安置绩效。

- 强化订立移民安置的法律法规框架。在过去数十年间，中国已经制订了或调整了征地补偿与移民安置、移民安置管理流程等相关法律法规，其中包括国务院于 2006 年颁布的标志性法规《大中型水利水电工程建设征地补偿和移民安置条例》（中华人民共和国国务院令第 471 号）。在省、市、县级层面上也做出了相应的法律法规调整。尽管提升项目交付效率仍然是主要目标之一，但促成法律法规调整的主要动力是避免或尽可能减轻因政府支持的开发项目给当地社区或居民带来的困难或贫困。

- 制订系统化的技术标准和规划要求。许多国家的移民安置规划和实践通常采取临时性方式来决定适用于特定项目的标准，而中国则为水电移民安置设计出一套更为系统化的方案。国家发展改革委颁布了 28 项不同的技术标准来指导水电移民安置工作，范围覆盖实地调查标准和新型城镇设计标准。其他政府机构也制定了涉及移民安置规划、实施和监测的技术标准或程序，更多技术标准目前正在制订中。CREEI 报告显示，翔实的标准和程序为解决反复出现的技术问题提供了可行方案，也增强了移民安置工作流程的连贯性和一致性，减少了相关的疑虑与争议。

- 强化行政审批和实施监测流程。CREEI 报告重点提到，过去几十年中，规划和实施实践的不一致以及不同政府机构或不同层级政府之间的协调不畅，对移民安置的有效性构成了障碍。随着时间推移，对于移民安置计划的审批以及实际移民安置的主动监测方面形成了更多的具体要求。改善征地和移民安置工作过程中所涉及的各单位之间协调的措施也得以确立。这些安排加大了问责力度，一般在建设期后乃至所有安置和生计恢复工作完成之前仍继续发挥作用。

- 完善需安置人口的参与模式。中国经验表明，仅依靠命令式和管制式的征地和移民安置无助于移民安置工作取得成功。如果允许甚至鼓励受影响人口积极参与到自身的恢复中，他们就能更快、更高效地恢复生产生活。CREEI 报告强调了"以人为本"方式的重要性，其中包括向受影响人口提供有关影响事项的及时、有用信息，让他们参与方案制定，提供向相关政府官员申诉和表达意见的便捷可靠渠道等。这种方式的重要性不仅在于为受影响人口提供了发声渠道，更在于通过制度化安排来提高受影响人口的心声被听取并且得到某种形式的回应的可能性。

总之，CREEI 报告表明，技术能力建设对于移民安置规划和实施是有用的，但仍然不够；技术能力必须在基于承诺提升移民安置成效的体系内运作。以下章节介绍了中国水电行业如何建立起管理体系，其中包括了授权性法律法规环境、明确一致的管理程序和标准以及促进对实地机遇和约束做出回应的监测与问责机制。

移民安置绩效可通过逐步学习相关经验得以提升，根据这一结论，CREEI 报告进一步对未来数年内可能或者必须要进一步改进的方面进行了简要的总结性评估。

B. 世界银行评审 CREEI 报告的目的

20 世纪 80 年代以来，世界银行一直是中国水电行业发展的活跃合作伙伴，参与了 14 个大中型水电项目以及 1 个单独的水库移民安置项目。与中国的情况一样，世行本身的移民安置政策和实践指南也在过去数十年间不断发展，并且部分源自中国的经验。当然，世行从其他许多国家的项目经验中也获得了更广阔的视野。尽管 CREEI 报告能够提供对中国水库移民安置经验的系统性评估，但 CREEI 总体上欠缺国际视野；世行更适合评估CREEI 报告成果是否及如何应用于其他国家，包括应用于水电项目和造成移民安置的其他行业的项目。

世界银行驻华代表处在编制行业移民安置研究报告中与 CREEI 开展了非正式合作，对其初稿结果提出了意见并同意根据 CREEI 报告编制其自身的总结性评审报告。这项活动符合世行在推动执行征地和移民安置的良好国际实践方面扮演的角色，也符合其作为全球发展知识传播者的角色。因此，世行评审的主要目的在于识别和传播中国水电移民安置经验（如CREEI 报告所述）中可用于增强其他发展中国家移民安置绩效的经验❶。

在其评审报告中，世行利用其作为设计征地和移民安置内容的全球项目贷款方的优势，就如何把中国经验中更广泛地应用于其他行业以及其他

---

❶　由于世行没有直接参与研究的实际开展或相关的项目案例分析，因此不能保证该报告中数据的准确性，因而对其结果或结论不予正式背书。

国家提出了建议。本报告旨在服务四类目标受众：（a）其他国家涉及移民安置法规或政策制定的官员；（b）其他国家涉及水电项目规划和实施的官员；（c）其他国家涉及移民安置的其他类型基础设施项目的规划和实施的官员；（d）中国涉及移民安置的其他基础设施项目的官员。

本报告的总结部分提供了世行对其他国家复制中国经验的前景所做的评估。当然，不同国家（和行业）在政治、社会、经济和其他有关条件方面存在巨大差异。任何国家或行业几乎不可能在不做重大修改的情况下全盘引入中国的水电移民安置管理体系。尽管如此，CREEI 报告指出，相关的技术性和程序性实践完全可以用作他山之石。

世行的意图在于着重介绍中国建成的水电移民安置管理体系中有哪些要素可能有助于其他国家的移民安置能力建设。中国经验显示，可以实现以下两大重要提升：

• 首先是管理体系，尤其是包含明确技术标准和成熟流程的管理体系能极大地提升项目规划与准备效率。中方研究报告和本报告在很大程度上注重提升技术效率的措施，因为事实上所有国家的所有项目机构都有取得更高绩效的动力。

• 其次是建立以人为本并且可调动受影响人口因地制宜加以应用的移民安置目标与社区参与流程，可极大提升移民安置结果的有效性。CREEI 报告提供的项目实例中，受影响人口的生计与生活水平都得到了提高，而不仅仅是得到了恢复。

世界银行希望 CREEI 报告中的经验经必要调整后可适用于其他国家或行业；应用这些经验能避免或尽可能减轻移民安置给受影响人口造成的困难，同时降低征地和移民安置通常对发展项目造成的明显阻碍作用。

C. 范围与方法

在对 CREEI 报告开展总结性评审过程中，世界银行的参与一般仅限于对不同草案进行评价，提炼 CREEI 的研究资料供世行使用，以及推断中国水电移民安置经验在其他发展中国家的潜在适用性。为此，世行的总结报告基本数据源自并反映了 CREEI 在编制其报告时采用的范围和方法。

多个目的促成了 CREEI 报告，其中一个主要目的是系统评估行业绩效、总结到目前为止的经验（正面和负面皆有）、辨识趋势并规划持续改进的路径，因为中国的发展环境将继续变化。该研究也被视作一次更系统地把中国的监管框架和移民安置实践与国际政策标准和导则进行比较的机会。此外，我们也认为投资于水电项目的其他国家以及涉及征地和移民安置的其他行业可能会对研究成果感兴趣。

为开展此次研究，CREEI 组建了由 32 名研究人员组成的团队，并邀请了 8 家区域规划或能源工程设计研究院共同参与。该团队制定了一份研究工作大纲，用以组织和规范研究路径与方法。研究内容包括资料收集和文献研究，尤其是法律、法规、技术标准和程序的历史变化。此外，研究团队侧重对包含移民安置内容的 14 个大中型水电项目进行案例分析。❶ 研究过程包括现场考察、与相关官员磋商以及研究相关文献。选择项目层面的案例是为了开展跨行业分析（如分析比较不同项目层面环境）以及纵向分析（比较不同时间点开展的水库项目）。之后召开了 4 场研讨会，以便研究团队回顾研究进展、比较相关结论并识别关键信息。选定了研究报告相关章节的起草人，之后需由他人（包括世界银行驻华代表处工作人员）对这些章节进行评议❷。

II　中国水电移民安置经验：总结 CREEI 报告

CREEI 报告描述了中国政策制定者和从业者从 40 多年来的大中型水电工程移民安置实践中获取的经验教训。20 世纪 70 年代（或之前）至今，政策和实践领域发生了两大转变：

• 其一是围绕建设目标的理念性转变——水电移民安置越来越被视为向可能受影响的人口提供了一次发展机遇，而以前往往被视为建设道路上的障碍。

• 其二是解决常见问题的实践性转变——目前认为，对水电移民安置的潜在复杂性的管理需要覆盖全过程的系统性手段。

在过去数十年中，针对中国水电移民安置事项的庞大规模与范围，其解决方法已经从一事一议的决策转向更为集约化、系统化的规划以及建立了一个管理体系，其中的政策、规划、标准制定、管理监管和问责安排、实施监测和适应性要求为受影响人口提供了更大支持（与回应）。

---

❶　CREEI 报告侧重大中型水电工程是为了与中国行业法规和实践的重点保持一致。报告中包含的大多数项目建设的主要目的是水力发电，尽管部分项目也具备灌溉、防洪或其他水利功能。为便于理解术语和保持一致，本报告通常提及"水电"移民安置和项目。虽然道路、输电线路和水电工程的其他配套方面也可能导致征地，但通常情况下最大、最严重的影响来自水库淹没及相关损失。

❷　为协助编制世行的总结报告，CREEI 将总报告与 14 份项目层面的案例分析报告翻译成英文。由于没有其他案例分析报告的英文版，因此这些报告并未直接纳入世行评审的范畴。所引用的项目经验教训取自 CREEI 报告草案以及与 CREEI 的后续交流函件。

这些趋势反映了一种进步，即从优先考虑实际场址征地转向了对受影响的个人和社区作为重要开发规划议题的认可。这对于逐步完善方法是一种鞭策，以辨识对当地生计和生活水平的更广泛影响，同时思考相关措施，用以支持生计和生活水平取得切实提升，即通常远远不止恢复到搬迁之前的水平。

在描述这种学习过程的演进时，CREEI 报告指出学习的来源和方法也在演变。许多提升绩效的初衷都反映出，从过往不良绩效中汲取了痛苦的教训；事实上，行业可能因解决历史遗留问题而背上沉重负担，这种认识为完善政策和实践方法提供了不少动力。CREEI 报告也描述了通过接触国际政策和实践来吸取经验。国际发展机构（包括世界银行和亚洲开发银行）对中国的水电项目以及各类涉及移民安置的知识分享和能力建设活动提供支持。CREEI 报告特别援引了从国际监管和问责实践中汲取的经验，包括正规化移民安置监测程序和移民安置实施有效性评价❶。随着政策和管理实践的发展，移民安置流程中越来越多地纳入了绩效评估和评价，旨在支持行业学习和提升。

A. 确立发展定位

CREEI 报告中，有较大篇幅强调了移民安置架构与流程的系统化与规范化措施，它们是增强水电项目绩效的关键要素。但必须指出，只有在移民安置的宗旨和目标明确的情况下，这些措施才能为移民安置提供有效、高效的方式方法。在中国，移民安置目标的逐步拓展也是水电移民安置经验的关键组成部分。

一直以来，转向以人为本的发展定位主要对两大类问题做出回应：其一是无法识别潜在影响的规模和范围，其二是无法提供足以解决问题的缓解机制。

识别影响。CREEI 报告指出，随着时间推移，移民安置规划更加认识到一系列社会和文化变量，这些变量可对潜在影响的规模和范围产生影响，也可影响受影响人口适应因项目引发的生活环境变化的能力。当采用了更

---

　　❶　CREEI 报告指出，中国水电移民安置管理系统采用了这些做法，但拓展了各自的目的或重点。例如，监测的侧重点从补偿和搬迁方面拓展到影响制订长期生计替代方案的更广泛的可变因素。移民安置评价的重点也从考虑项目竣工时的情况延伸至考虑移民后期扶持阶段。这些示例中，中国的做法超出了世界银行的要求。相似的类型也出现在《非自愿移民移民：对比视角》中——其指出，在某些方面，中国的水电实践"引领和指导了世界银行"。

为人性化的方式开展移民安置规划后，更多关注了农村贫困人口、少数民族社区、残障人士或其他可能因移民面临困难的人群所承受的特殊限制和关切。已经采取的关于改善生计的法规和实践增大了认识和评估潜在影响的可能性，也增大了那些被确定为潜在脆弱的人口有机会积极参与到关于自身搬迁和恢复的决策过程的可能性，其中包括了确保以文化上适宜且当地社区居民易于理解的方式开展调研和规划工作，以及确保规划人员在项目选址商议过程中考虑当地文化习俗、文化资源和具有历史价值的场所的安排。

从补偿到开发。尽管对土地和固定资产的补偿仍是移民安置过程不可或缺的部分，但 CREEI 报告指出，行业经历已经充分证明仅凭补偿无法缓解大规模水电移民安置造成的全部影响。理论上，对资产的充分补偿能让受影响人口重置资产和延续生产生活（这往往适用于对受影响人口只造成较小或部分损失的项目）。然而在水电移民安置实践中，资产补偿无法解决移民在搬迁至陌生环境或必须面对新的作物品种或不熟悉的生产技术等情况下可能面临的更多经济或社会问题，对个人或住户资产的补偿也无法解决公共基础设施或社区服务的损失或中断。此外，补偿也无法提供对大规模人口迁移或整个城镇搬迁至关重要的区域性经济规划或空间规划。

案例：

向家坝水电站工程。由于向家坝水电站淹没影响规模较大，绥江县城无法在原址或附近重建。于是，规划人员确定了整体迁建县城及各类政府设施的更优替代方案，随后开展了正式的全面县城规划，其结果是充分利用新的开发机遇打造一座新城，包括用于公园、步行购物、水景观光和旅游设施、户外影院、展览中心以及其他服务和景点的规划区域。新城将为5万名居民以及流量稳定、可补充移民收入的游客提供服务。

糯扎渡水电站。糯扎渡水电站工程建设的影响之一是对思澜高速公路37.48km 长路段和澜沧江上一座 168m 长大桥产生影响。尽管根据基本规划标准要求，应遵循原规模、原标准的原则进行恢复，但规划人员认为，对于一个发展中的区域来说这是一次改善当地交通设施的机会，既能支持区域规划和经济发展，也能为受影响人口未来恢复生计提供便利。于是，对重建的公路进行重新定级，即从三级升至二级，从而极大地增强了交通运输能力，改善了区域通行状况。

中国水电项目采取开发性移民方针反映了一种意识的加强，即简单的现状恢复对于造成大范围土地淹没和成千上万人口迁移的项目来说意义不大。我们无法回到从前。相反，CREEI 报告记录了随时间推移的认识提升：大规模复杂性的移民安置应当基于对有助提高受影响人口生计和生活水平的变革性机遇的识别和把握。

案例：

金安桥水电站。在金安桥水电站项目中，规划人员认识到如果失去农业生产用地，那么丽江古城区所有受影响人口都无法回到先前的生计模式。鉴于此，移民安置计划构想了包含六项策略的生计恢复方式。其中一项策略是打造当地玫瑰的品牌效应和认知度，开发配套生产、营销和旅游活动，助力实现该地区的共同富裕。

CREEI 报告指出，在认识到先前的问题类型后，移民安置理念和定位的转变促成了法律法规改革、更为系统化和规范化的移民安置规划流程、更为严格的管理和监督安排，也推动了受影响人口更积极地参与移民安置全过程。

B. 法律法规的演变

法律法规为确立有效的移民安置做法提供了根本性基础。但在征地和安置方面，法律法规可能不具备永久性；它们需要不断演变，以适应变化的当地条件或体现经验教训。

CREEI 报告介绍了指导大中型水电移民安置的法律法规体系，也按时间顺序描述了有助增强体系绩效的法律法规的转变。报告还讨论了所采取的措施，它们旨在确保国家法律法规中的规定转化为省市层面法律法规中的便利化安排。

《中华人民共和国宪法》确立了人与财产之间的基本关系，允许出于公共目的征用土地和财产。一系列土地管理法律和修正案提供了更为细化的征地和移民安置规定。

第一代法规《国家建设征用土地办法》于 1953 年颁布并于 1958 年修正。在当时主流的移民安置理念下，该法规主要侧重于土地的及时征用，而缓解或恢复措施仅限于对集体农用地、住房和其他固定资产进行简单补偿。

随着中国对外开放以及经济发展提速，需要对法规加以修改，以满足对土地严格管理的需求。1982 年颁布的《国家建设征用土地条例》拓宽了补偿范围，确立了支付额外移民安置补助的做法作为补充性的恢复措施。

随着大型水电移民安置经验的不断积累，主管部门很清楚，需要有更加长远的法律规定来拓宽移民安置规划的范围，使其包含更广泛的生计恢复措施，支持有计划的城镇搬迁并确保管理和协调安排的有效性。其结果是，《中华人民共和国土地管理法》于 1986 年颁布，并于 1998 年和 2004 年修正。该法从一开始就为水电移民安置提供了大部分根本性的法律法规依据。

若干其他国家法律法规也对移民安置过程起到一定作用，包括《中华人民共和国水法》《中华人民共和国农村土地承包法》《中华人民共和国物权法》《中华人民共和国城市房地产管理法》《中华人民共和国民族区域自治法》《中华人民共和国环境保护法》《中华人民共和国水土保持法》《中华人民共和国水污染防治法》《中华人民共和国森林法》《中华人民共和国草原法》《中华人民共和国矿产资源法》《中华人民共和国野生动物保护法》《国有土地上房屋征收与补偿条例》。涉及其他行业或产业管理、文物古迹保护以及少数民族权利保护的法律法规也对移民安置做出了相关规定。

为进一步优化相关方式和提升绩效，还颁布了相关行业规范。根据《中华人民共和国土地管理法》，1991 年国务院颁布了《大中型水利水电工程建设征地补偿和移民安置条例》。这些综合性法规是迈向移民安置绩效规范化、制度化的重要步骤。它们还首次将理念重点转变为开发性移民的方式。行业规则要求，必须向受影响的人口提供符合新目标的持续帮助或技术支持，实现生计和生活水平提升（或至少恢复）。

2006 年，国务院再次扩大行业政策覆盖面，通过了《大中型水利水电工程建设征地补偿和移民安置条例》。该条例推行了一条重要原则，即"以人为本，保障移民的合法权益，满足移民生存发展的需求"❶。该条例还进一步规定了行业内移民安置的规划和管理要求。其中，对移民安置计划的编制程序进行了规范，并要求在移民安置计划编制和审批之前不得开展项目审批。此外，还为实施中的监督、处理受影响人口的申诉以及当地参与移民安置决策的途径等方面提供了重要指导。条例也就水电工程单位安排

---

❶　CREEI 报告初稿，第 26 页。

移民安置相关专项资金提出了具体要求。

之后还发布了若干重要的法规性文件。例如，2002 年《国家计委关于印发水电工程建设征地移民工作暂行管理办法的通知》更是系统性地确立了省级和当地政府以及各类工程单位的角色与职责。2004 年《国土资源部关于完善征地补偿安置制度的指导意见》以及同年发布的《国务院关于深化改革严格土地管理的决定》共同推动了基于土地和财产估值统一标准的更为合理的补偿标准与做法。2006 年《国务院关于完善大中型水库移民后期扶持政策的意见》规定了提供移民后期扶持（新老水库项目的受影响人口均适用）作为争取完全恢复生计的措施之一。

近年来，政府监管部门采取进一步措施，把绩效提升从行业内拓展到其他投资领域，并缩小了全国范围内标准和绩效之间的差异。2017 年，国务院发布了《关于修改〈大中型水利水电工程建设征地补偿和移民安置条例〉的决定》，明确了大中型水利水电工程建设征地的土地补偿费实行与其他行业基础设施项目用地同等补偿标准（这使得部分水电工程建设征地的补偿标准有所提高）。

尽管本总结报告不对省级地方性法规进行分析，但 CREEI 报告指出，许多省市普遍通过了规章和管理规定，为有效使用关于水电移民安置的国家法律法规提供便利。这些措施促进了移民安置做法的统一，加强了移民安置实施机构和地方主管部门之间的协调，进一步强化了水电移民安置管理的系统性。

C. 颁布技术标准

在认识到更有效的水电移民安置的战略重要性后，一整套技术标准得以逐步颁布，为移民安置规划和实施提供指导。虽然技术标准仍在不断制订中，但凭借现有完善的技术标准，中国已经从其他国家中脱颖而出（在某种程度上水电移民技术标准也远超中国的其他行业）。

很多国家的移民安置经历反复表明，移民安置规划人员和管理者往往在临时制订标准和确定实践方法方面面临诸多困难。放眼全球，这种情况给移民安置实践造成了一些不良后果。不必要的效率低下以及方法和结果的巨大差异。在某些情况下，造成效率低下的原因是负责移民安置不同方面的人员在决定需要做什么以及怎么做时，往往"从零开始"，缺少了成熟的指导，当地移民干部显然只能依靠自身的工具。同时，缺乏成熟的标准和程序，这有时也会导致实践和方法出现较大出入，从而有损于对需要适应环境变化的受影响人口至关重要的信任感和期望值，此外，缺少标准和程序也导致难以确定是否已经落实了移民安置责任。

周密制定的一整套技术标准通常使得中国的水电移民安置更具系统性和实用性。最直接的是，这套技术标准为解决反复出现的实际问题提供了经证明有用的工具，也有利于高效推进项目，在受影响人口中增强透明度并建立信任感，提高全行业实践和结果的连贯性和一致性。

行业性技术标准可以上溯至 1984 年由水利电力部颁布的《水利水电工程水库淹没处理设计规范》。这份最初的标准确立了移民安置规划和设计的首个行业规定。此后，为配合法律或法规变化，还发布或修订了一系列标准，部分标准目前仍在制订中。

这种综合方法旨在为整个场址征用和移民安置流程提供具体的技术标准，涵盖最初的场址辨识和论证到最终的移民安置效果评估等诸多方面。这种典型的水电移民安置范围和规模也意味着这套技术标准必须具有长远性，包含城镇搬迁和规划以及更多常规方面，如调研、补偿、信息披露、申诉处理以及移民安置规划和实施的其他部分。

1984 年到 1996 年间制订的各类技术标准聚沙成塔。2007 年，国家发展改革委颁布了一系列九大技术标准❶，其中包括：

1)《水电工程建设征地移民安置规划设计规范》

2)《水电工程建设征地处理范围界定规范》

3)《水电工程建设征地实物指标调查规范》

4)《水电工程农村移民安置规划设计规范》

5)《水电工程移民专业项目规划设计规范》

6)《水电工程移民安置城镇迁建规划设计规范》

7)《水电工程水库库底清理设计规范》

8)《水电工程建设征地移民安置补偿费用概（估）算编制规范》

9)《水电工程阶段性蓄水移民安置实施方案专题报告编制规程》

2013 年到 2017 年，国家能源局颁布了水电移民安置规划和实施过程相关的另外五项标准，包括：

1)《水电工程建设征地移民安置验收规程》

---

❶　部分标准正在翻译成英文，如 i)《水电工程建设征地处理范围界定规范》；ii)《水电工程建设征地实物指标调查规范》；iii)《水电工程建设征地移民安置验收规程》。（译者注：此处应为 8 本技术标准，第 9 项为 2018 年颁布）

2）《水电工程建设征地移民安置综合监理规范》

3）《水电工程建设征地移民安置规划大纲编制规程》

4）《水电工程建设征地移民安置规划报告编制规程》

5）《水电工程移民安置独立评估规范》

2017 年进一步采取系统性措施，旨在以一整套经协调完善后的技术标准覆盖水电移民安置的全生命周期。国家能源局开始颁布全套《水电行业技术标准体系》，共计包含 28 项独立标准。截至 CREEI 研究启动之日，已经正式颁布了其中的 14 项标准，另有 10 项正在编制中，其余 4 项有待编制。所有现行标准都包括关于工作范围、设计参数、设计调查深度和预期成果或结果的明确特定要求。

CREEI 报告指出，建立一整套技术标准已经带来了不少好处。这些标准为从业者提供了几乎覆盖移民安置规划和实施所有方面和阶段的实用指导，无需重新制定方法。只使用一套标准也会降低规程的变化性和结果的差异性。标准明确了受影响人口的权利和利益，为增强透明度和建立相互信任提供了支撑，并且为受影响人口参与拟定移民安置方式和方案提供了适当的途径。此外，这些标准的制定通常符合世界银行和亚洲开发银行提供的导则，为采用统一方法开展项目准备提供了便利。

D. 制度管理和监督安排

在国际移民安置经验教训中，权威且有效的管理和监督安排的必要性显而易见。即便在制定了强有力的法律法规后，缺乏成熟、有执行力的管理和监督规定往往会给移民安置规划和实施的各个方面造成不利影响。

CREEI 报告指出，中国已经认识到有效管理和监督的根本重要性，出台了旨在强化行业绩效落地的各种措施，以此对水电移民安置监管构架和技术指南予以补充。成熟的国家级和省级移民安置机构进一步强化了整个流程，而不是用未经验证的方式和不够权威的程序给相关团体造成负担。成熟的管理构架也有助于促进各类机构或主管部门之间的协调，为协助开展有效的移民安置共同承担职责。

在项目建设周期内，中国水电移民安置相关的管理和监督安排如下：

• 项目选址考量。在项目可行性研究阶段，行业规程要求开展专门研究，为比较潜在项目效益与包括移民安置成本在内的一系列成本提供初步依据。相关研究报告包括《大坝选址专题报告》、《正常水位选择专题报告》、《施工总布置规划专题报告》以及《水库影响区范围界定工程地质专题报告》。比对地质、水文、经济、社会和环境条件是为了确定最合适的选项。实践中，选择的设计参数旨在尽可能缩小征地规模和移民安置影响范围。该技术评审是项目进入正式审批流程的必要前提条件；正式审批涉及省部级主管部门，在某些情况下甚至需要得到国家发展改革委的正式批准。

案例：

　　观音岩水电站。在观音岩水电站的初始规划阶段，有两处位于金沙江上的备选坝址供考虑。一处位于塘坝河汇流处上游约 1km，另一处在汇流处下游约 1km。这两处在技术上都合适，经考虑区域因素后，决策倾向于上游方案。研究显示，如果选择上游坝址，受淹没影响的人口将减少 5561人，受经济迁移影响的人口减少 27168 人。选择上游坝址还能避免对近期建成的工业园区以及塘坝河沿线地区的商业和采矿企业造成影响，而如果大坝建在汇流处下游，则上述对象都会受到洪水影响。

　　藏木水电站。在西藏藏木水电站工程的场址设计阶段，规划人员认识到，对于一个群山环绕的地区来说，丧失耕地会造成严重问题。大部分耕地会被淹没，一些临近的梯田会受到渣土存放的影响。经与当地协商，同意将三个渣土区中的两个设置在淹没区。尽管淹没区面积稍有缩小，但降低对农业生计的影响效果更为显著，因为受工程建设影响的总面积得以缩小，土地复垦措施也使得耕地面积额外增加。

- 评价和调查活动。从一开始，中国的水电工程就遵循周密评价评估和实物调研流程，为移民安置规划和最终的移民安置实施提供丰富的详细资料。调查规程在 2007 年《水电工程建设征地实物指标调查规范》中做出了规定。调查范围广泛，包含了以下内容：
  - 经济社会调查——涵盖社会、人口、环境和经济条件，基于入户调查和现状数据。
  - 土地调查——包括对土地利用现状进行调查、绘制地形图及分类、在拟建项目区划定所有权界线和行政分界。
  - 人口调查——确定可能受到影响的人数，设立界定标准，为确定补偿和其他形式移民安置补助的资格提供依据。
  - 房屋调查——对建筑物进行分类（分结构类型和使用类型）和丈量；不可搬迁设施调查——对各类不可搬迁设施进行分类和丈量，用于估价和补偿，包括护栏或墙体、水井、地窖、露台、室外厕所、晒谷场、池塘、饮用水水窖、炉灶、沼气池等。

  ○ 林木调查——对经济类树木进行分类（不同品种和规格）和清点（不包括界定为林地补偿的土地上的树木）；专项设施调查——对项目可能影响的基础设施和服务设施以及文化或历史遗址进行辨识和分类。

  ○ 企业调查——对项目可能影响的工业和商业企业进行辨识和分类，包括用地和职工、设施和设备、所有权、企业产值或销售额以及其他可变因素。

  ○ 行政事业单位调查——辨识和描述可能受到影响的公共部门或机构，包括单位性质、员工人数、设施设备以及其他可变因素。

  此外，也可按农村和城市进行调查。对于农村调查，更侧重于服务和资源的调查。对于城市，则更侧重于市政服务、市场、公共交通、文化娱乐活动的规模和范围以及城市生活的其他方面。

  调查程序通常要求成立联合调查工作组，由来自当地政府部门、项目业主、工程设计院以及其他相关方面的代表组成。尽管通常由设计院开展实际调查工作并总结成果，但开展联合监督有利于调和不同的利益、沟通解释，提升调查过程的透明度并促进调查结果的互相认可。调查结果经受影响人口、项目主管部门签字后予以公开，进一步降低了产生测量误差或解释相关问题的可能性。

案例：

  土地容量和生计措施。土地调查和环境容量研究均显示，在水库开发后往往缺乏恢复传统农业生计所需的空间。水电移民安置规划人员为此采取了多种措施和创新手段。

  对于水口水电站工程，环境承载力调查显示，仅有56%的受影响人口能恢复使用传统的农业生产方式，另有23%的受影响人口可从事水果生产或畜牧业活动，剩余的21%人口需要寻找其他替代方案——寻找此类方案成为了规划过程的组成部分。

  对于向家坝水电站工程，环境承载力评价表明，许多农村移民在搬迁后无法获得农业安置，因此移民安置计划很大程度上侧重于发展第二和第三产业企业。

  对于江边水电站工程，通过制定养老保险方案部分解决了搬迁后耕地短缺问题，其中55岁以上男性（50岁以上女性）按月领取社会养老保险金，以此替代农业收入。

对于龙滩水电站工程，规划人员决定通过向未获得置换土地的人口长期支付款项，以此解决搬迁后耕地严重短缺问题。具体金额根据当地农业产品价格每三年调整一次，其支付将一直持续到水电站最终退役。

- 确立补偿或其他补助的明确资格标准。在许多国家，移民安置规划失败的原因往往是人口调查和资产调查缺乏扎实的配套措施，无法避免项目所在地受影响人口搬迁或新的投资建设。不能明确区分补偿或其他补助资格经常会造成公众争议、项目拖延或成本超支。对照而言，中国的水电移民安置实践提供了项目建设征地范围的明确界定，发布公告冻结指定项目区域的人口迁入、临时建筑或其他形式的投资建设。这些措施最初用于保障工程建设单位的权益，不给投机者骗取补偿的机会，同时也保障了受影响人口作为移民安置规划受益者的合法利益和地位。

- 技术审批。调查结果和移民安置规划须经过技术合理性审查与监管合规性审核，以确定项目筹备是否充分、移民安置规划是否为改善生计和提高生活水平的预期提供了合理依据以及是否所有必要的组织安排都已经到位。通常情况下，审批流程包括至少两个步骤。移民安置规划大纲由省级和国家级主管部门审批，作为编制详细移民安置规划的基础。移民安置规划编制后须经省级和国家级主管部门再次审核。得到批准的移民安置规划将成为组织和实施全部移民安置的基础，从最初的宅基地征用到支付补偿、直至完成恢复生计的长期流程并提供一系列的安置点和服务改善。2007 年以来批准的所有大中型水电工程都遵循了"两步式"审批流程。

- 监督移民安置的实施。中国法律要求项目主管部门主动监督水电移民安置工作。监督范围包括项目进度计划的落实、资金使用、补偿款支付、信息管理和公众参与、各种形式移民安置援助的提供、相关机构间的协调以及实施工作的其他方面。主动监督有利于较早地发现实施中的困难以及对项目设计或移民安置计划条款的改动需求。

- 外部实施监测。除上述行政监督外，水电行业项目还与外部机构签订合同，由其负责开展实施进度和相关事项的第三方评估。这种合同制监测在具有监测资质的人员带领下开展，侧重于（监测）实施情况，因其关乎受影响人口的利益。具体监测内容包括补偿款支付、生计恢复措施的有效性、安置点和服务的提供以及其他要素。监测通常持续到移民安置计划得到充分落实并对移民安置结果开展全面评价为止。

· 适应性管理的安排。近年来，世界银行等国际金融机构日益认识到移民安置实施过程中适应性管理的重要性。之所以需要开展适应性管理，很大程度上是由于涉及诸多行动主体的移民安置工作中普遍会出现较多复杂情况、项目区域出现许多超出项目控制能力范围的变化来源以及相关活动经规划后可能需要很多年才能落实。即便规划流程已经很全面，通常也需要面临不可预见的情况。

由于大规模水电工程经常造成相对较大规模和较为复杂的场地影响，往往需要很多年时间才能缓解，因此全面的移民安置规划以及适应性管理安排对于移民安置的有效性至关重要。就中国的水电移民安置而言，这些安排包括跟踪实施进展的措施（如前文所述）、建议和准备项目设计变更或移民安置计划条款变更的程序，以及为实现移民安置目标可能需要的额外资金分配的提议和审批程序。

案例：

向家坝水电站。CREEI 报告描述了适应性管理在向家坝水电站工程移民安置实施过程中起到的关键作用。在该工程 13 年的实施期内，提出、审核并批准了 100 多项设计变更。这些变更涉及移民安置规划的方方面面，包括农村移民安置规定、垃圾和污水管理安排、移民安置点设计、城市建设以及提供医院学校等。

公伯峡水电站。公伯峡水电站工程的规划移民安置成本共计 3.9069 亿元，但实施过程中，成本猛增至 8.494 亿元。成本增加的主要原因是预料之外的地形变化，包括水库蓄水后堤岸出现的地面沉降和变形。这些问题在很大程度上反映了未能认识到移民安置点内黄土性土壤的脆弱性。其结果是必须采取额外的规划措施并追加资金，以满足因失去土地、土壤或灌溉设施受损或者房屋受损等而受到影响的新增人口的安置需求。CREEI 指出，该工程的经验也为制定关于环境、地质和水文评价的技术标准做出了重要贡献。

如之前案例所述，适应性管理往往被证明很有必要，因为规划人员无法完全预知或意识到相关地质或生态条件会对移民安置的有效性造成什么样的实质性挑战。但在中国的一些水电移民安置方案中，有必要提前规划安排，对受影响人口偏好的重大改变做出回应。如果规划过程与实施阶段之间存在较大的时间差，期间发生社会条件和偏好改变的可能性就越大，那么这一点的关联性也就越大。即便受影响人口先前已经同意了规划安排，但如果后来对规划安排失去了兴趣或者不履行承诺，就有必要对规划进行调整，才能取得令人满意的移民安置结果。

案例：

想法改变导致计划改变。在至少两个案例中，受影响人口尽管之前对计划表示同意，但他们又改变了关于移民安排的想法，这就导致了水电移民安置计划修改。

在泸定水电站工程中，从可行性研究阶段到实际移民安置开始实施，对农业安置方案的支持率下降了近一半。有相当大比例的人口原本选择迁往较远的安置点，但后来倾向于尽可能接近其原来的居住地。为此，启动了相关流程，对移民安置计划进行调整并审批调整内容。CREEI报告指出，针对需求和偏好转变的调整流程产生了更好的结果，提高了受影响人口的满意度。

对于苏洼龙水电站工程，在项目设计阶段的协商过程中，三分之二的受影响人口倾向于迁入新的洛绒安置点，其他人则倾向于自行搬迁至别处。之后开展了周密的协商，确保洛绒安置点的设计开发符合安置人员的喜好：安置计划得到批准，洛绒方面的安置预算到位。然而随着时间推移，部分先前愿意迁往洛绒的人员开始提出关于地形地质条件方面的问题、与邻近区域共用资源而可能产生的冲突以及其他关切。许多人开始迁往他们认为发展条件或就业条件更好的其他地区。最终，由于缺少对洛绒方案的支持，移民安置计划进行了调整，原定方案被取消。方案重点调整为面向选择自主搬迁安置的人员实施支持措施。

E. 信息管理和社区参与

尽管中国的水电移民安置具有许多官方技术型规划特色，但也在移民安置规划和实施程序中为协商和参与式做法预留了空间。从早期优先考虑征地到注重以人为本的开发性移民的做法，水电移民安置从业者倾向于将项目影响告知可能受到影响的人口，请他们参与辨识当地的发展机遇以及制订妥善的影响缓解措施。

为了向可能受到影响的人口传递信息，移民干部采用了多种方式——既包括在村信息公示栏中张贴告示、分发宣传册等常见的宣传方式，也包括一些创新做法，如通过手机、广播媒体、户外广告、网上宣传等方式向受影响人口传递信息。

信息管理和社区参与措施既被视为建立和维系当地公众对项目支持的一种方式，也被视为更有效地将移民安置资源专用于对受影响人口有吸引力并有望获得他们认可的恢复和搬迁措施的一种方式。

案例：

洪家渡水电站。社区参与移民安置规划的重要性在贵州省洪家渡水电站工程的实施过程中得到了体现。CREEI报告指出，移民安置的规划和设计最初仅根据当地政府意见和偏好，并没有系统性纳入潜在受影响人口的意见。移民安置计划中准备了95个安置点，但较为偏远。实际上，仅有36个安置点落成，迁入的受影响人口相对较少，造成了移民安置投资浪费。为了解决这些不足，最终形成并实施了受影响人口更为认可的替代计划。

实践中，技术方案规划中也可纳入当地居民，包括大坝选址和水位方案。当地居民提供的信息可能对于识别当地重大地质制约因素或者可能具有当地历史文化意义的场址和设施来说具有特殊价值。更常见的是，受影响人口更多地参与到移民安置规划不同方面的讨论与考虑中，包括实物调查、生计恢复方案、房屋重建方案、移民安置点筹备、基础设施和服务设施重置以及其他会在安置中和安置后影响其生活的话题。

例如在调查过程中，潜在受影响人口会被告知项目及调查范围和方法、参与财产的识别和描述并且获知有关的调查结果。由于需要他们签字后整个流程才算完结，受影响人口就有机会提出关于调查准确性或公正性的问题。

由于编制最初的移民安置计划大纲以及详细的移民安置计划都是项目提交审批前的必要步骤，因此必须征求当地社区（包括受影响人口和安置点所在地居民）的意见——通常采用举办当地公开听证会的方式征求意见。在移民安置计划大纲编制阶段，讨论主题主要集中在潜在影响的范围和潜在有效缓解措施的范围上。在详细移民安置计划编制阶段，会加入有关组织安排、补偿金额和分配安排、预算、时间表以及计划中包含的其他具体事项，作为讨论的补充。也可采用调查和其他协商方式，确定当地人口的关切和偏好事项。

在规划和实施阶段，受影响人口通常参与房屋建造方式的选择、宅基地与农用地的分配、社区基础设施和服务设施的设计与建造以及社区层面补偿资金的分配和使用。

案例：

桐柏抽水蓄能电站。在该项目中，受影响人口同意采用抽签方式进行自留地和生产用地地块的分配。这种做法并不意味着人人都能得到自己想要的地块；事实上，只有一小部分人能够如愿。尽管如此，通过事先对这种分配方式达成一致，受影响人口认为这一过程的结果是公平公正的。

社区主动参与也是解决可能与水电工程选址和移民安置安排相关的特定社会、文化、宗教或民族问题的最有效方法。

案例：

适应文化与宗教环境。由于中国的大多数大中型水电工程都位于西部或南部少数民族聚居地区，因此社区参与的做法促成了规划或实践过程中的各种特别调整。

对于向家坝水电站工程，通过社区参与为突出彝族文化和遗产制定了特别的设计措施。这些措施包括标识、图腾、支持彝族节假日和传统文化活动。

对于公伯峡水电站工程，为了照顾受影响人口的偏好，计划采取特别措施以尽可能减轻对受影响人口中的藏族、回族和撒拉族同胞的文化影响。在某些场合准备了单独的移民安置点，或者在聚居的安置点内设置了按少数民族划分的村庄。场址规划中包含了符合当地文化的房屋设计与布局，并在村中心或附近地方建成了宗教设施。

对于青海省羊曲水电站工程，规划人员认识到，常规的建筑物估价程序无法体现宗教设施和活动在藏族同胞心目中的非物质文化价值。当地移民干部与当地宗教领袖开展了协商，以确定合适的替代安置点和扶持方式，确保宗教领袖与教众都同意移民安置安排。

作为社区参与和有效移民安置监管的有机组成部分，需要建立有效运转、用于处理移民安置相关申诉的体系。尽管对于行业来说，建立可靠、响应性的申诉机制的做法相对较新，但 CREEI 报告指出其成果令人鼓舞。截至目前，申诉内容主要包含房屋建造成本的增加没有体现在补偿费用中，或者移民安置点的内容（或者功能性内容）没有完全实现。健全的申诉程序保护了受影响人口的权利，提升了项目影响处理的透明度和一致性，也有助于提高当地对移民安置流程和结果的满意度。

F. CREEI 报告评审过程中汲取的经验

CREEI 报告的目的在于汲取中国水电移民安置的经验教训，并论证在有的放矢的成熟管理体系下，制定健全的目标并运用合理的方法确实能改善移民安置绩效。在主要突出正面经验的同时，CREEI 报告也指出，对于应对负面经验也做了不少努力。此外，报告还提出当前行业的移民安置规划和实施工作并非无懈可击。由于大规模水电移民安置固有的复杂性，无论按照哪种事先形成的规划都无法让移民安置实施做到十全十美。相反，中国水电移民安置管理体系的主要优势在于，认识到规划必须包含配套措施，从而对延长的实施和建设后恢复阶段几乎不可避免出现的问题和挑战做出有效回应。

回顾了之前四十年水电移民安置经验后，CREEI 报告总结了三大主要经验。

经验 1：把人置于移民安置目标的核心。当开发主管部门仅仅或者主要侧重于简单的征地时，它们在无意间给自己、给项目推进以及行业或国家发展前景制造了巨大障碍。如果得不到解决，移民安置问题有可能给受影响人口造成无数困难，所承受的损失通常会向外界延伸并导致新的或更严重的贫困问题，削弱当地经济绩效，并且作为争议来源威胁到项目本身，造成工程延误、计划外成本或者不友好的建设或运行环境。

CREEI 报告指出，移民安置转向以人为本的方式已经产生了深远影响。首先，从对损失土地或资产的补偿转向生计恢复措施鼓励了安置人员开发新技能，也鼓励了移民安置更广泛考虑区域经济发展规划或目标并与其保持一致。与之类似的是，在转变以往简单的房屋补偿做法过程中，也强调了（建设）场地开发、空间规划和当地基础设施与服务的改善。这在导致城镇整体迁建的项目背景下具有格外重要的意义。简言之，行业目标和实践方法的演变鼓励了规划人员把移民安置看作潜在的发展机遇来源。以人为本的方式也为受影响人口直接参与决策创造了空间，对他们适应环境改变的能力具有重大影响。

经验2：建立政策和实践的一致性和连贯性。过去几十年来，法律和规制改革、一整套综合技术标准的颁布、明确实用的规划要求以及严格的管理和监督安排已经消除了移民安置过程中的大部分不确定性。与其他地方许多开发项目中经常出现的临时动议法相比，中国的做法有着显著优势：研究人员知道如何开展调研、需要问哪些问题；土地测量员知道如何确定项目范围界线；估价员知道运用成熟可靠的估价方法；预算员知道如何估算补偿费用；规划人员知道规划中必须包含哪些内容及其详细程度；监测人员知道需要监测哪些项目；就连受影响人口也知道未来的生活生计是什么样的，并且对于公平待遇和流程合法充满信心，一旦发生不公平对待，他们知道应该怎么做。做到实现标准和实践一致增强了透明度，建立了信任感，并且为所涉各方构建了稳定的预期。

经验3：变化是常态，必须适应变化。尽管结构和流程的一致性是一大优点，但水电移民安置的规划和实施从来都不是在受控环境下完成的。规划和实施期通常持续十年以上，期间许多当地条件会不断变化。老人辞世，儿童会长大成人并继续养育下一代。市场有起有伏，生产方式会变化。其他项目和流程会改变项目所在地区的物理条件或经济社会条件。社会关系会改变。此外，重要的一点是，规划的干预措施未必总能取得预期结果或效果。

CREEI报告指出，政府官员通过颁布强有力的监管框架和一系列成熟的技术标准，使得从业者为管理实际项目条件下出现的变化或预料之外的情况做好了准备。这方面有（也应当有）判断余地；但行业体系必须在某种程度上形成流程的制度化。目前关于如何确定和批准项目设计或规划变更的需求已经很清晰了。

最后，CREEI报告认为，未来水库移民安置中的变化和适应需求仍将继续；尽管已经取得了可观的成果，但依然有更多工作要做。CREEI报告建议，要进一步完善政策和做法，需要优先考虑以下四个方面：

• 加大利益共享机制制定力度。由于水电工程产生的效益流可以度量，因此通常可以为受影响人口提供优先获得专项资金、补贴或减税、项目相关服务或者其他利益的渠道，这是水电移民安置方式的组成部分。

• 更加依赖非依土型生计方式。在许多地区，耕地稀缺是切实存在且日益严重的制约因素，因此应当更加重视为失地人口创造非依土型创收机会。

- 改进信息管理。随着信息技术的突飞猛进，有很多机会可供改进信息采集、数据管理和信息传播，以便开展移民安置相关工作。

- 加强国际交流合作。中国有机会向其他发展中国家分享移民安置知识和专业经验，同时中国仍在不断寻求对标更好的国际移民安置实践。

Ⅲ 国际视角：其他国家和行业能得到哪些启示？

本报告中介绍的健全移民安置实践的要素反映了一个技术能力和财力快速增强国家的一个具有战略重要性的行业在过去 40 多年间开展学习和实验的经历。那么，其他国家能从中国的水电移民安置经验中学到什么？中国的其他行业能从本国的水电行业中学到什么？也就是说，中国的水电移民安置实践能否在其他条件下进行复制，还是仅仅局限于特定的国情和行业实情？

这种复制可能受到几类因素的限制。

几十年来，中国的水电行业已经建立起征地和移民安置的强大技术实力，有能力为开展移民安置相关安排提供更多专项财政资源。在很多国家，情况并非如此。通常，征地和移民安置活动开展较为分散，往往针对特定项目采取一事一议的做法。尽管其他国家政府认识到了移民安置管理的潜在价值，但它们缺乏（或无力提供）确保项目层面上充分开展移民安置活动所需的财政资源，更不用说开发有效的移民安置管理系统。尤其对于水电和其他发电项目而言，项目本身可直接产生可度量的财务产出，其中一部分可专项用于支付移民安置费用。但在很多其他类型的基础设施建设项目中，情况并非如此——此类项目为其他项目提供交通等便利设施，从而为促进发展做出间接贡献。当然，为开展征地和移民安置建立更具永久性和系统性的技术和行政管理能力的可能性总是存在。事实上，扶持国内移民安置系统的开发是国际移民安置政策的重点之一。但这种能力不可能在短期内简单引入，而必须随着时间推移逐步增强，也必须体现国情（或行业实情）。

中国展现出把水电工程建设列为战略重点的强大决心。在数百个项目积累的早期经验基础上，中国政府认识到，如果移民安置工作效果不佳，会让受影响人口和项目主管部门在接下来数年内面临需付出高昂代价才能解决的问题。鉴于一项国家战略要求继续建设数百个水电工程，中国政府也认识到移民安置问题会继续给水电开发造成困扰，而行业特点（例如在贫困或落后农村地区，会淹没价值很高的河谷区域）也会相对放大反复发生的移民安置问题并使其变得相对复杂。为了把水电开发列为一项高度优先的国家工程，有必要采取系统方式处理移民安置问题或事项。为此，国家官员高度重视必要的法律和规制改革。国家、省级、市级和县级政府官员为法律法规要求的执行提供了行政支持。这种情况与其他国家（以及中国的其他行业）有所不同——在这些国家，项目识别和开发被视作独立的任务，项目也未被纳入可得到国家强大支持的既定战略重点。中国经验表明，技术能力和财政资源是建立有效的移民安置管理体系的必要不充分条件，强大的政治和行政决心同样必不可少。更具体而言，这个决心包含了系统化设定参数，把行动主体和行动引向经授权和按要求开展活动的能力，制定可操作的统一标准和规程的能力，监测绩效和结果负责制的能力，以及助力适应实施期间不断变化的环境的能力。但这种级别的决心可能难以出现，除非认识到欠佳或不统一的移民安置做法会对高度优先的开发目标构成重大且反复出现的障碍。

中国的水电移民安置采用了开发性移民模式。一直以来，规划人员和官员都经历了观念转变。早期偏重工程设计和项目时间表的做法，导致负责人员把征地和移民安置视为一种需尽快以尽可能低的成本加以克服的技术障碍。然而早期经验表明，这种做法造成了长期大面积贫困的后果（通常发生在贫困地区）。官员们很快认识到，在这样一个"明星"行业内出现这种类型的贫困与国家扶贫目标不符，也对水库工程的成功建设与运行构成了持续制约。目前，规划人员和官员都认识到要采用开发性移民模式。在该模式下，移民的生计改善和生活水平提高为项目核心目标之一，水电投资部分从区域性综合开发视角加以审视。这种视角在其他许多国家里仍不多见，它们基本把移民安置视为影响投资项目及时高效建设和运营的一种障碍。

水电工程一般会产生范围非常广的水库相关移民安置影响。大多数其他投资项目在征地面积和受影响人口数量上都要小得多，许多受影响人口可能无需搬迁或者仅失去部分土地或资产。然而对于含有大型水库的水电工程，水位线以下的居民或工作人员都必须搬迁，（该线以下的）所有土地和固定资产都会丧失。这一事实使人们认识到仅对土地和资产进行补偿可能无法解决水库相关移民安置问题和挑战。此类情况下的移民安置就要求为安置人员开展规划并提供帮助，以帮助其适应新的环境并开展不同的生计活动，同时还要为其建设新社区或城镇以及各类相关基础设施和服务设施。人们也认识到，此类情况下仅凭补偿是无法恢复现状的。事实上，大规模的破坏反而创造了需求和新的机遇，造就了更具变革性、以区域开发为导向的移民安置。在项目所产生的移民安置影响更为有限或局部的国家或行业，通常没有这些激励因素，此时土地或资产的补偿仍然是重点。

由于其他许多国家的移民安置政策和实践往往存在普遍性的约束和遏制因素，完全复制中国水电移民安置做法（甚至中国其他行业做法）的希望渺茫。此外，如果复制意味着全盘引入所有体系、标准和程序而并不结合各国实际情况进行调整，则复制将变得毫无意义；学习过程必然要求有所取舍，以便辨识改进做法方面的相关可行机遇。尽管如此，在希望较小情况下，目前仍有大量有用经验可供致力于改善绩效的移民安置从业者借鉴。

CREEI 报告指出，一个正常运转的完整体系要比单纯的"其各个部分的叠加"有价值得多。如果存在政府承诺和积极的激励因素，政府监管者和政策制定者以及行业主管部门和规划人员即可从 CREEI 报告中获益良多——报告强调了可以通过综合体系来实现移民安置有效性和效率的提升，该体系把一整套明确的目标与适应性监管结构、功能性标准和程序、行政监督和监测、积极的社区参与以及回应意外变化或挑战的适应机制等结合起来。系统性的方法可以更连贯、更一致地把政策、规划和实施流程与需实现的既定目标挂钩。

对于体系构建仍不可行的地方，CREEI 报告提供了与项目特有实践相关的经验教训，它们对参与移民安置规划和实施各方面工作的人员也可能有巨大参考价值。具体而言，采用明确规定的程序和标准可有助于项目层面从业者更好地管理那些会导致延误、争议或对当地社区造成不必要困难的常见且反复出现的因素。

A. 加强体系或增强体系绩效的经验

虽然期望立竿见影地出现一个移民安置管理体系的想法可能不现实，但 CREEI 报告中总结的中国经验表明，可以采取措施来催生需求，实现体系的逐步完善。在中国的水电经验中，当移民安置很明显会对实现高价值目标构成重复性的重大障碍时，通常就会出现主动性的措施。其结果是集中力量构建并强化移民安置体系。在其他国家（或行业），项目层面移民安置问题反复发生，但往往采取更为特别的方式，把关注点和责任分散到不同的行业或地区行动主体中。事实上，每个新项目都会反复出现一系列移民安置事宜和问题，如果用一事一议的办法来解决系统性的问题，就会造成工作的浪费和不一致。

具有前瞻性的国家或行业政策制定者会采取以下临时措施，为体系建设奠定基础。

树立意识推动需求。在中国水电经验中，提高意识是催生体系完善需求的第一步。对于中国水电移民安置中欠缺综合行业战略重点管理经验的部门，可能需要通过与其他机构或人合作，以应对移民安置的复杂性、跨部门或跨地区安置的复杂问题。即便单个行业可能面临零星的问题，但在总体移民安置管理中就可能对整个国家构成严重的发展约束。这意味着体系完善的合乎逻辑的支持者应该是财政部或者国家发展改革委，而不是行业层面。通过研讨会、研究推动、广播和社交媒体覆盖，就有机会凸显反复发生的征地和移民安置问题、转嫁给社会的移民安置成本（以受影响人口的贫困程度以及项目建设过程的低效等形式体现）以及一事一议方式解决反复发生和系统性问题的徒劳无功。或许像中国水电经验那样，对规定标准、统一做法以及更有效流程可能带来的好处进行论证，有助于推动并形成政治和行政决心，这些决心对于建立合理的移民安置管理体系（目前尚不存在）至关重要❶。

增加训练有素的专业人才。作为对旨在增加移民安置管理改进需求的措施的补充，可以采取相关措施，增加有能力的从业者。在这个具有战略重要性和丰富资源的行业，培训可能是相对直接的方法。在资源有限的情况下，加强不同行业之间人员的知识和能力共享可能更为困难。然而，通过纳入当地大学或培训机构，就有机会打造一支由训练有素的移民安置规划和实施专业人才组成的国家干部队伍，降低对临时聘用的外国专家的依赖，提高移民安置工作的连贯性和效率。在中国，一家移民安置研究所并不直接隶属于水电行业，但做出了优秀的国际表率。其他一些国家已在制定（或计划制定）相关培训计划。❷

---

❶　出现公众争议也可能为加强移民安置管理流程提供额外方法。例如在中国，位于城市和城乡结合部的基础设施项目的敏感性提升可能有助于增强现有行业内项目移民安置规划与管理的严谨性。

❷　在中国，相关示例是中国移民研究中心——隶属于南京河海大学的一个具有博士学位授予资格的研究所。该中心与位于印度海得拉巴市的行政管理人才学院旗下的征地、移民安置和恢复管理卓越中心联合提供国际移民安置培训教程。其他提供移民安置相关培训教程的国家包括孟加拉、菲律宾、哥伦比亚、荷兰等。可以下定论的是，通过此类教程增加了适任人才的供应数量，有助于引导对移民安置服务的需求。

明确职责和职权范围。有效的移民安置规划与实施通常要求多个部门或地方行政机关之间的良好协调。在中国水电行业，已经形成了主管部门的明确职权范围，以加强和规范审批流程，促进跨部门或跨行政区协调，同时评估执行中的移民安置实施流程的适当性。对照而言，在其他许多国家或行业，必须参与移民安置过程的机构或地方行政机关往往无法就规划开展沟通、无法给予移民安置活动优先权（导致无法提供必要的帮助或者造成交付失序问题），或者不愿意冒险涉足他人的管辖领域（或拒绝他人涉足自己的管辖领域）。如果不同行业官员都有改进移民安置管理的意愿，他们就会发现有开展合作的必要，明确指定负责移民安置审批不同方面的国家官员，并确保充分取得实施绩效。如果不开展这种合作，那么国家规划和财政部就需要建立一个总览全局的主管部门构架，授权开展有效的协调。（在项目层面，建立一个由多个部门或多个地方行政机关组成的项目领导小组的做法可能有效。该小组可鼓励加强协调并对实施中出现的管理事宜或问题予以及时回应。）

制定标准和程序。即便无法建立一个完整的移民安置管理体系，大多数国家仍然可以通过制定和运用明确、统一的标准和程序来提升移民安置工作的效率和有效性。在国际层面上，移民安置规划和实施中最常见和最有杀伤力的问题源自"到底应该做什么？"及各方意见的分歧。撇开其他不谈，政策制定者如果对提高征地和移民安置效率感兴趣，就必须制定下列方面的标准或程序：

a）选址、论证和定界。

b）移民安置相关调查的技术范围和方法。

c）各类土地、建筑物、树木或作物以及其他固定资产的估价方法。

d）补偿程序。

e）申诉管理程序。

f）任何形式的生计或搬迁补助的资格标准。

g）适应性管理和不可预见费安排。

加强信息管理和社区参与。中国的水电移民安置经验表明，如果受影响人口事先被告知并知晓应该期待什么（以及何时期待）、如何沟通诉求以及问题出现时如何得到关注，那么移民安置的实施效率就会更高，其成果也会更大。除非法律或法规禁止，国家或行业官员在确定信息披露方式方面拥有很大自主权。中国经验表明，及时可达的信息披露提高了透明度，为受影响人口形成开展自身规划和适应环境改变所需的期望值奠定了重要基础。类似的是，现有法律法规通常并不禁止与受影响社区开展协商，也不会不允许建立受理和答复受影响人口申诉的程序。中国水电经验显示，在移民安置管理体系中纳入信息管理和协商做法，不但增大了听取受影响人口心声的可能性，而且该体系内也会发出此类心声。此类做法有助于建立信任，为实现项目目标赢得支持，降低受影响人口诉诸法院、媒体或其他可能有争议的场合的概率，避免转而集体反对项目。

B. 增强项目层面移民安置绩效的经验

在中国的水电经验中，许多从反复发生的问题中汲取的教训都已经体现在具有功能性和可靠性的技术标准和操作程序中。在所有其他因素相同的情况下，运用系统化手段在项目层面上提供的优势远远超过"零敲碎打"型的决策。建立连贯有效的移民安置管理体系可能仍是大多数国家（或者中国其他行业）在未来很长一段时间内的前景。

尽管如此，CREEI 报告仍提供了如下衔接更紧密的步骤，无论身处哪个行业，它们都可被用于提升项目层面移民安置的有效性、效率和一致性。

加强对潜在影响的辨识和评估。CREEI 报告强调了现场辨识和评估的重要性，对于仅依赖官方文件（如地图、房产契或纳税记录）和可研阶段项目或现场图纸的做法是一种补充（有时甚至是纠正）。官方文件和技术图纸通常无法反映现场可能引发或扩大影响的真实情况，其中可能包括存在未登记人员、未经许可搭建的建筑物以及没有反映在土地记录中或技术图纸上的生计类型或来源。现场评估对区分和辨识可能因移民安置遭受特别困难或可能很久才能适应环境改变的特殊群体或个人也起着关键作用。在中国的水电经验中，现场辨识和评估已经展现出对避免或尽量减少影响（通常可借助设计变更做到）以及缓解尚存影响的重要作用。即便国家或行业指导不充分，其他国家的项目层面从业者也可建议并推行相关措施，用以扩大选址和评估的范围，增强选址和评估的严格性。

编制涵盖所有影响和活动全周期的移民安置计划。对于把一次性支付补偿款作为唯一解决问题方法的项目，几乎不具备全周期移民安置规划的基础。在许多国家的许多项目中，补偿款付讫基本上就等于官员参与了移民安置全部过程。中国的水电经验证实了仅靠补偿的做法不能解决移民安置中很多根本性问题；不能解决个体在以下情形下重新获得农业生计过程中面临的问题：身处不同环境条件、来到需要新技能的地方、因无法获得替代农用地或就业中断而不能回归从前的经济活动；不能解决残疾人、老年人、女户主家庭、少数民族或其他脆弱群体在离开配套文化活动或熟悉的社会和经济条件之后可能面临的特定问题；也不能应对更广泛的社区层面影响，包括基础设施和服务的可及性。在确定何时会出现影响以及何时（以何种顺序）落实补救措施中，先进的规划将发挥关键作用。中国水电移民安置体系的另一大显著优势就是规划。该规划为建设新城镇、更换必要的基础设施、采取确保服务充分性和可及性的措施以及某些情况下在搬迁前就对可能出现的一系列生计机会开展投资创造了条件。在这种情况下，受影响人口知道他们要去往何处，通常也知道抵达安置点后将要做什么。编制全周期的移民安置计划也事先明确了实施责任以及为监测移民安置实施是否按计划开展并取得预期效果所需采取的措施。事实上，与国际上的良好实践相比，中国水电移民安置管理体系所规划和监测实施的恢复期限要长得多。其他国家的项目层面从业者能够确保所有潜在的移民安置相关影响得到辨识和评估，也能够确定移民安置规划要求并在其中纳入所有相关影响的管理安排。由于常规实践可能不考虑资产补偿之外的事项和影响，从业者可能需要引起更高级别政府官员关注那些未得到解决的影响造成项目延误、最终成本增加、社区关系不佳以及对受影响人口造成困难的可能性。

改进实物调查和人口调查方法。在不断总结经验的基础上，中国水电行业移民安置管理体系中纳入了多项涉及调查范围和方法的技术标准。标准提供了关于地质、水文、环境和其他实物调查的具体指导。标准还确定了如何及何时对可能受影响人口与社区开展辨识和调查，摸清其土地和资产、现有生活水平以及生计来源。调查标准明确了需要哪些类型的信息（及其详细程度）、如何及何时获取信息以及如何将信息用于移民安置规划、预算编制和实施。可靠的调查数据也为监测实施、评价移民安置结果以及处理相关申诉提供了有用的基准。虽然相关调查工作的范围可能因行业而异（甚至在某些情况下因项目而异），但如果在项目设计阶段的早期就为支持实现移民安置目标所需开展的调查工作设定范围和方法，那么任何项目的移民安置从业者都能从中获益。

确立有效、可靠的资产估价方法。在许多国家的项目建设过程中，导致延误和争议的一大根源是缺乏对土地、建筑物、作物和其他固定资产进行估价的可靠、统一的方法。大多数国家宪法中的征用条款都要求坚持公平补偿原则，但从业者通常缺少具体的技术或程序性手段来确定在某种特殊情况下什么才是公平的补偿水平。在无法借助可靠、统一的估价标准和方法的情况下，项目从业者必须单方面武断地决定估价，或者在很多时候只能拖延估价进程（并因此导致项目拖延）直至获得更清晰的资料。通常，最终结果只能是临时性地应用估价标准，往往造成补偿不足，偶尔也会造成过度补偿。从受影响人口角度出发，缺少成熟和广为认可的估价标准与方法会有损信任并产生怀疑，往往导致关于不公平待遇的法律或政治诉讼。中国水电行业已经建立了土地估价、建筑物估价和其他资产估价的标准和程序，采用了不动产评估、产值测算指标以及其他因子。值得注意的是，这些程序允许对估价进行调整，以反映延迟支付或者资产价值的重大变动。对于其他国家（或行业）的从业者来说，建立可靠、统一的估价标准和程序可能是他们为提升移民安置全过程效率所能做的最重要的一件事。如果无法做到，项目层面从业者可以召集项目发起机构和当地政府主管部门会商，在最终确定移民安置安排之前确立当地项目条件下使用的估价程序。

建立补偿程序。在中国水电行业，项目从业者和受影响人口都清楚补偿程序。通常，补偿标准和金额都会公开，支付时间和可能适用于补偿金额的税费都很明确。如补偿属集体性质（中国的农业用地归集体所有），补偿计划会说明如何使用或分配集体补偿款。如有现金补偿以外的替代方式，通常也会告知受影响人口，供他们评估选项。其他国家（或行业）的从业者可以有选择地借鉴中国体系，以增强其补偿支付程序的一致性、可追责性和透明度。例如，在特定项目背景下，程序中可以包括向移民户联名账户付款、向女户主家庭付款、分期付款（如有必要）或者在所有权明确或法律争议解决之前暂停向第三方托管账户支付补偿款的安排。

强化管理安排。与中国的水电实践相比，许多国家仍把征地视为项目启动的障碍之一。制定涉及面广的移民安置计划通常只被视为项目开工之前获得审批所需的必要步骤之一，而移民安置安排的具体实施以及移民安置风险和影响应对的有效性所受到的关注相对较少。中国的水电移民安置经验表明，移民安置要取得成效，移民安置计划就要同时有对实际实施过程的管理。指派并明确管理角色和职责有助于保障受影响公众和项目本身的利益。强有力的管理有助于更集中、更有效地推动移民安置取得预期结果，从而造福广大群众。强有力的移民安置管理有助于减少通常阻碍项目取得进展的移民安置相关风险，从而保障项目建设单位的利益。

以下是其他国家（或行业）在项目层面上可借鉴的中国水电移民安置管理系统的特定方面经验，它们有助于解决反复发生的普遍问题：

a）场址定界——公开确定项目区域，告知大众未来对此处土地或其他资产的投资或改良活动将不具备要求补偿的资格，避免侵占指定的项目用地。

b) 公布移民安置审批要求和流程——确保从业者和公众知晓必要条件并监测是否满足了这些条件。

c) 编制详尽、全面的项目预算并建立针对财务管理和满足不可预见费需求的明确安排——事先约定由谁支付关于移民安置相关费用以及如何满足意料之外费用需要的原则。

d) 及时监测移民安置实施情况——能辨识应对起来可能成本高昂或耗时较长的实施困难，确保有应对的时间和资源。如果聘用外部监测机构，则应在征地过程启动之前确定其服务内容并签约。

社区参与和信息管理。即便国家开发法规和做法不会促进强有力的信息管理和社区参与，但可能存在项目层面的机遇。CREEI 报告指出，改善当地沟通有可能为项目带来好处，即知情并参与其中的人们有助于做出更好的决策，并且对项目和官员更信任、更支持。其他国家（和行业）的从业者可以开展更多工作，确保把妥善的社区参与和信息管理安排纳入移民安置计划，包括就以下方面事项达成一致：如何及何时公布信息，如何及何时就移民安置计划和选项与受影响的个人或社区协商，受影响人口如何就移民安置过程的任何方面向项目管理方申诉，以及项目管理方如何对申诉给予回应等。

适应性管理的安排。尽管中国的水电移民安置具备强有力的行政架构、周密的技术标准和详细的移民安置规划和实施要求，但实施工作完全按照规划开展的情况较为罕见。监测，加上与受影响人口的沟通，可以查明计划何时得到实施但并未取得预期效果。由于通常身处现场，移民安置从业者几乎不可避免地要识别不断出现的实施问题以及制定调整措施。考虑到意外事件发生的可能性，他们也在提议事先制定相关程序，以确定此类问题的应对之策以及在推行这些程序方面享有的合法权益。

识别超越现状恢复的机会。许多国家的许多项目中，把移民挑战等同于现状恢复仍然是一种通行做法。对土地、房屋和其他资产的补偿最多相当于其重置成本。在评估项目对基础设施和服务产生的影响过程中，应当关注其是否被修复或恢复至先前的功能或服务水平。中国经验表明，项目影响相当严重且涉及方方面面，以至恢复现状在逻辑和实操层面都不可能做到，在水库移民安置项目中尤为如此。要使当地情况有所改观，就需要变革性的移民安置规划。这就为把事情做得比以前更好或使做事方式与CREEI 报告中的开发性移民安置方式保持一致提供了机会。

其他国家或行业项目出现的类似情况也为变革性的移民安置规划创造

了机会，即使它们的影响破坏力不那么大或者范围不那么广。例如，按照重置成本对贫民区的住房给予补偿的做法意义不大，其结果很可能是住房仍然不达标；对已经废弃或不适用的基础设施进行维修或恢复的意义可能并不大；计划把卫生、教育或其他服务恢复或置换至先前的适用或可及程度的意义可能也不大，因为搬迁人口的需求会更高。中国的水电移民安置经验也表明，推行补偿替代方案的做法同样可行，条件是当地经济正在催生新的商业机遇、更年轻或者教育程度更高的安置人口寻求创业机遇以及老年移民可能倾向于年金化的收入。

对于项目层面的从业者，超越现状要求采取开放方式开展影响评价和移民安置规划。如果变革性影响无法避免，从业者就应该寻求发展机遇。如果发展机遇确定可行，从业者就应该尽量把全面影响评价纳入移民安置规划流程。

C. 共同主线

一条共同主线始终贯穿着中国水电移民安置经验的评估过程，它同样贯穿了评估建议的有可能供其他国家借鉴的经验教训。该主线就是决心，它通常实行法律和规制改革，建立综合、一贯的绩效标准，提高影响评价和移民安置规划效果，加强信息管理和社区参与，完善实施监测以及总体上取得更好的移民安置结果的先决条件。

大多数国家（或行业）的从业者和官员可能缺乏推动形成中国水电移民安置管理体系所需的动力和责任。许多人认为，在项目较少以及影响较小或不太严重的背景下，建立这样一个包罗万象的管理体系没有必要，甚至不可取。然而，在成熟的标准、程序和理解缺失情况下，同样的从业者会反复发现其自身面临导致项目进展缓慢或将其置于争议旋涡之中的移民安置相关问题。即便没有强大决心，建立移民安置管理能力也有着巨大的潜在价值，哪怕在项目层面上也是如此。

CREEI报告描述了已建立的水电移民安置管理体系是如何在中国奏效的。当然，中国拥有资源优势和政治优势，有助于保障系统的有效性。但中国水电行业面临的移民安置问题和事项不是中国独有的。事实上，没有任何因素能够限制CREEI报告中介绍的管理手段在中国的应用。其他国家（或行业）的从业者和官员仍然可以结合自身的环境和制约因素，规划适合他们的未来具体路径。通过总结中国经验，CREEI报告为其他国家的官员和从业者提供了值得其考虑的多种潜在适用方案。